Dr. Pauline Linke

AF549713

UPGRADE FÜRS MATHEBUCH!

Kreative Ideen für einen abwechslungsreichen Matheunterricht

Verlag an der Ruhr

IMPRESSUM

Titel

Upgrade fürs Mathebuch

Kreative Ideen für einen abwechslungsreichen Matheunterricht

Autorin

Dr. Pauline Linke

Umschlagmotive/Kapiteldeckblätter:

Buch: © sljubisa – stock.adobe.com,
Tafel-Hintergrund: © Stillfx – stock.adobe.com,
Glühbirne: © fotogestoeber – stock.adobe.com

Druck

Heenemann GmbH & Co. KG, Berlin, DE

Verlag an der Ruhr
Mülheim an der Ruhr
www.verlagruhr.de

Geeignet für die Klassen 5–10

Urheberrechtlicher Hinweis

Das Werk und seine Teile sind urheberrechtlich geschützt. Jede Verwendung in anderen als den gesetzlich zugelassenen Fällen oder außerhalb dieser Bedingungen bedarf der vorherigen schriftlichen Einwilligung des Verlages. Im Werk vorhandene Kopiervorlagen dürfen vervielfältigt werden, allerdings nur für Schüler*innen der eigenen Klasse/des eigenen Kurses. Die dazu notwendigen Informationen (Buchtitel, Verlag und Autorin) haben wir für Sie als Service bereits mit eingedruckt. Diese Angaben dürfen weder verändert noch entfernt werden. Die Weitergabe von Kopiervorlagen oder Kopien (auch von Ihnen veränderte) an Kolleg*innen, Eltern oder Schüler*innen anderer Klassen/Kurse ist nicht gestattet. Der Verlag untersagt ausdrücklich das Herstellen von digitalen Kopien, das digitale Speichern und Zurverfügungstellen dieser Materialien in Netzwerken (das gilt auch für Intranets von Schulen und sonstigen Bildungseinrichtungen), per E-Mail, Internet oder sonstigen elektronischen Medien außerhalb der gesetzlichen Grenzen. Kein Verleih. Keine gewerbliche Nutzung.
Näheres zu unseren Lizenzbedingungen können Sie unter www.verlagruhr.de/lizenzbedingungen/ nachlesen.

Bitte beachten Sie zusätzlich die Informationen unter www.schulbuchkopie.de.

© Verlag an der Ruhr 2023

ISBN 978-3-8346-6394-8

DISCLAIMER

In diesem Buch werden digitale Tools von Drittanbieter*innen erwähnt und bezüglich ihrer didaktischen Eignung für den Unterricht empfohlen. Die jeweils bei den Tools abgebildeten Links führen zu den Angeboten dieser Drittanbieter*innen. Die dort aufgeführten Inhalte entziehen sich daher dem Einfluss von Verlag und Autorin, die nicht verantwortlich für die Richtigkeit und Rechtmäßigkeit dieser Inhalte sind. Sämtliche Links dienen ausschließlich der Zugangserleichterung und Zusammenfassung zu den Drittangeboten – der Verlag macht sich diese Angebote nicht zu eigen.
Zum Zeitpunkt der Drucklegung wurden die entsprechenden Tools der Drittanbieter*innen auf ihre didaktische Eignung im Unterricht sowie auf offensichtlich rechtswidrige Inhalte geprüft. Eine fortlaufende Prüfung dieser Drittinhalte auf ihre Rechtmäßigkeit und Aktualität ist dem Verlag nicht möglich.
Die Prüfung der jeweiligen Nutzungsbedingungen und Vorgaben solcher Drittinhalte sowie die Zulässigkeit einer Verwendung im Unterricht obliegt der jeweiligen Lehrkraft bzw. der Schule.

INHALTSVERZEICHNIS

INHALTSVERZEICHNIS

VORWORT

Liebe Kolleg*innen[1],

herzlich willkommen in der Welt der praktischen Unterrichtsideen!

In der Regel bilden Lehrwerke die Basis des alltäglichen Mathematikunterrichts. Sie bieten uns einen Rahmen für unterrichtliche Tätigkeiten und damit eine wundervolle Grundlage für die inhaltliche Ausgestaltung unseres Unterrichts.

In diesem Buch wird eine Vielzahl an konkreten Ideen vorgestellt, wie Sie den Schüler*innen den Unterrichtsstoff auf eine neue und ansprechende Art und Weise näherbringen können, und zwar unabhängig von dem von Ihnen verwendeten Lehrbuch. Die hier vorgestellten Ideen sollen dabei helfen, den Unterricht abwechslungsreicher und interaktiver zu gestalten, damit Schüler*innen das Gelernte besser verstehen und behalten. Durch die Verwendung von praktischen Methoden und Aktivitäten werden Sie nicht nur das Interesse Ihrer Schüler*innen wecken, sondern auch ihre Kreativität, ihr Verständnis für mathematische Zusammenhänge und ihre Begeisterung für das Lernen fördern. Die Basis für die hier vorgestellten Ideen stellen außerdem kurze theoretische Inputs dar, die erläutern, wann und weshalb der Einsatz sinnvoll ist.

Lassen Sie sich von den zahlreichen Beispielen inspirieren und probieren Sie die vorgestellten Methoden in Ihrem eigenen Unterricht aus. Wir sind uns sicher, dass Sie und Ihre Schüler*innen begeistert sein werden von den neuen, praktischen Unterrichtsideen.

Viel Freude beim Entdecken und Umsetzen!
Dr. Pauline Linke

---

[1] Der Verlag an der Ruhr legt großen Wert auf eine geschlechtergerechte und inklusive Sprache. Daher nutzen wir das Gendersternchen, um sowohl männliche und weibliche als auch nichtbinäre Geschlechtsidentitäten einzuschließen. Alternativ verwenden wir neutrale Formulierungen. In Texten für Schüler*innen finden sich aus didaktischen Gründen neutrale Begriffe bzw. Doppelformen.

EINE ÜBERSICHT

Name	Klassenstufe	Inhaltliches Ziel
Zahl des Tages	5–13	Zahlenverständnis festigen
Kopfrechenritual	5–13	Kopfrechnen üben
Schätzglas	5–13	realistische Vorstellungen bei Schätzaufgaben ausbilden
Schultage zählen	5	Visualisierung von kleinen und großen Zahlen, Gefühl für unterschiedliche Dauer bekommen
Datum besprechen	5	gemeinsames Ankommen
Spickzettel schreiben	5–13	Inhalte eigenständig zusammenfassen, Vorbereitung auf Lernerfolgskontrollen
Lernlandkarten gestalten	5–13	Inhalte eigenständig zusammenfassen, Vorbereitung auf Lernerfolgskontrollen, Strukturieren von Lerninhalten
Zusammenfassende Vorträge	5–13	Inhalte wiederholen, Vorbereitung auf Lernerfolgskontrollen
Schreibkonferenzen	5–13	Inhalte eigenständig zusammenfassen, Verfassen eigener mathematischer Texte, Verbesserung der mathematischen Fachsprache
Textpuzzle	5–13	Zusammenfügen von Textbausteinen zur sprachlichen Entlastung bei der Formulierung von Merksätzen
Schiffe versenken	7–13	Umgang mit Koordinatensystemen üben
Paare suchen	5–10	Umrechnen üben
Menschen-Memo	5–10	Umrechnen üben
Begriffe erklären mit Hindernissen	5–13	mathematische Begriffe in eigenen Worten beschreiben
Schlangen und Leitern	5–13	spielerisches Üben von Basiswissen
Kopfrechnen rückwärts	5–13	Kopfrechnen üben und Kreativität fördern
Rechenspaziergang	5, 6	Verknüpfen von Mathematik und Bewegung

Name	Klassenstufe	Inhaltliches Ziel
Hilfestellungen zum Lösen von Textaufgaben	5–13	Lösen von Textaufgaben üben
Mathe-Fußball	5–13	Kopfrechnen üben
Bingo	5–13	Kopfrechnen üben
Stadt–Land–Mathe	5–13	Kopfrechnen üben
Aufgaben würfeln	5–7	Kopfrechnen üben
Malen nach Zahlen (mit Rechnungen)	5	Kopfrechnen üben
Wer bin ich?	5–13	das mathematische Argumentieren üben
1, 2, piep	5–7	das Einmaleins üben
(Fachbezogenes) Wörterraten	5–13	mathematische Fachbegriffe üben
(Fachbezogenes) Wörterraten für Fortgeschrittene	10–13	mathematische Fachbegriffe üben
Sudoku	5–13	knobeln und Freude an der Mathematik wiederfinden
Kahoot!	5–13	Wiederholung von mathematischen Inhalten
Bücher zu!	5–13	Wiederholung der Themen der Stunde
Das WEGE-Konzept	5–13	Sprachförderung im Mathematikunterricht
Brief an eine*n Mathematiker*in	5–13	Förderung von Kreativität, Klären von offenen Fragen
Ich sehe Mathematik, wo du sie nicht siehst	5–13	Bewusstmachen und Sichtbarmachen von Mathematik
Aufgaben am Fenster lösen	5–13	Motivation zum eigenständigen Lösen von Mathematikaufgaben (auch für andere Fächer geeignet)
Himmel und Hölle	5, 6	Verknüpfung von Bewegung und Kopfrechnen
Lebendige Zeiger	5, 6	Verknüpfung von Bewegung und Mathematik, Kopfrechnen üben

EINE ÜBERSICHT

Name	Klassenstufe	Inhaltliches Ziel
Rechnen mit Kastanien	5	Kopfrechnen üben, eigenständig Aufgaben zusammenstellen
Kuchen aufteilen	5–7	Notwendigkeit für Brüche erkennen
Brüche falten und schneiden	5–7	erste Brüche handlungsorientiert herstellen
$\frac{1}{4096}$ Stück Apfel essen	5–7	besonders kleine Brüche kennenlernen
Brüche ertasten	5–7	haptische Wahrnehmung von Brüchen
Steckbrief zu Brüchen	5–7	Sicherung von einzelnen Brüchen
Checklisten erstellen	5–13	Inhalte eigenständig zusammenfassen, Übungsmaterialien zum eigenständigen Lernen suchen
Domino	5–13	spielerisches Üben der Basisfertigkeiten
Wahr oder falsch?	5–13	mathematische Aussagen überprüfen, das mathematische Sprachvermögen sensibilisieren

Rituale zu Stundenbeginn und -ende

Unter Ritualen werden wiederkehrende Handlungen verstanden. Sie geben dem Unterricht eine Struktur, was den Schüler*innen Sicherheit und Ordnung vermittelt. Außerdem bieten sie ihnen eine Orientierung, da der Unterricht automatisch gegliedert wird. Es gibt eine Vielzahl an Ritualen, die dem allgemeinen *classroom management* dienen. Im Folgenden sollen jedoch mögliche Rituale vorgestellt werden, die einen Mathematikbezug haben. Abhängig davon, ob Sie die Rituale zu Beginn oder zum Ende einer jeden Unterrichtsstunde durchführen, wird den Schüler*innen bewusst gemacht, dass es nun an der Zeit ist, sich mit Mathematik zu beschäftigen, bzw. findet ein sanfter Übergang zur nächsten Stunde statt.

ZAHL DES TAGES

Ziel: Zahlenverständnis festigen
Klassenstufe: 5–13
Dauer: ca. 10 Min.
Sozialform: Plenum
Material: Kopiervorlage „Zahl des Tages"

Beschreibung

Überlegen Sie sich vor Stundenbeginn eine Zahl des Tages. Falls Sie mit der Kopiervorlage (S. 76) arbeiten wollen, überlegen Sie außerdem, ob Sie die Vorlage (komplett) selbst befüllen oder diese Aufgabe an Ihre Schüler*innen weitergeben wollen. Die Zahl soll nun gemeinsam von der Klasse untersucht werden. Mögliche zu untersuchende Eigenschaften könnten sein:

- das Zahlwort
- der Stellenwert
- die Darstellung mit Dienes[2]-Material
- Vorgänger und Nachfolger
- Aufgaben mit der Zahl als Lösung

Für die höheren Klassenstufen können auch Eigenschaften wie Teilbarkeit, Quersumme, Quadratzahl etc. spannend sein.

Zielsetzung

Bei der „Zahl des Tages" geht es vor allem um die Festigung der Zahlvorstellung bei den Lernenden. Durch die Vielzahl an Möglichkeiten, eine solche Zahl zu betrachten, kann einer großen Heterogenität gut entgegengekommen werden.

Hinweis:

Je nach Klassenstufe und Schwierigkeitsgrad ist es sinnvoll, die Zahl bei der Einführung der „Zahl des Tages" einfacher auszuwählen. Möglich wäre außerdem, die Kopiervorlage durch die Reihen zu geben, bis alle Felder befüllt sind.

---

[2] Der Name geht zurück auf den Entwickler dieser Lernmethode, den Mathematikdidaktiker Zoltán Pál Dienes (1916–2014).

KOPFRECHENRITUAL

Ziel: Kopfrechnen üben
Klassenstufe: 5–13
Dauer: ca. 10 Min.
Sozialform: Plenum
Material: –

Beschreibung

Überlegen Sie sich vor Beginn der Stunde zehn Aufgaben, die die Schüler*innen im Kopf lösen sollen, und notieren Sie sie für eine spätere Kontrolle. Die Aufgaben sollen dabei die unterschiedlichen Leitideen widerspiegeln. Stellen Sie die Aufgaben zu Beginn der Unterrichtsstunde. Die Schüler*innen notieren die Ergebnisse auf einem Blatt Papier. Sammeln Sie dieses nach der Durchführung ein oder lassen Sie die Schüler*innen alternativ ihre Ergebnisse mit der Person am Nebentisch vergleichen.

Eine weitere Möglichkeit ist es, die Aufgaben durch die Schüler*innen erstellen zu lassen. So übergibt man zum einen den Lernenden mehr Selbstverantwortung und zum anderen hat man weniger Vorbereitungsaufwand. Allerdings sollte bei dieser Variante bedacht werden, dass das Ausdenken von Aufgaben für einige Schüler*innen sehr schwer sein kann. Diese Problematik können Sie umgehen, wenn Sie diese Aufgabe als Langzeithausaufgabe stellen, sodass die Lernenden nicht ad hoc Aufgaben nennen müssen.

Zielsetzung

Durch regelmäßiges (z. B. wöchentliches) Kopfrechentraining quer durch unterschiedliche Themen hindurch wird das Basiswissen von Schüler*innen nachhaltig gefestigt. Wichtig ist die Regelmäßigkeit des Wiederholens.
Es reichen schon zehn Aufgaben (z. B. zwei Aufgaben zu jeder Leitidee) zu Beginn jeder Stunde.

SCHÄTZGLAS

Ziel: realistische Vorstellungen bei Schätzaufgaben ausbilden
Klassenstufe: 5–13
Dauer: ca. 5 Min.
Sozialform: Plenum
Material: Schätzglas mit Inhalt (z. B. Linsen, Golfbälle, Steine etc.)

Beschreibung

Füllen Sie zu Hause ein geeignetes Glas mit Schätzartikeln und notieren Sie sich die genaue Menge. Präsentieren Sie das Glas in der nächsten Mathestunde. Die Schüler*innen dürfen das Glas von allen Seiten genau betrachten, aber es nicht zum Schätzen öffnen! Alle haben eine Woche Zeit, ihre Schätzung (schriftlich) abzugeben. Wer am nächsten dran ist, ist Schätzmeister*in.

Zielsetzung

Das Schätzen kommt im Mathematikunterricht meistens zu kurz. Das führt dazu, dass die Schüler*innen keine tragfähigen Vorstellungen von Mengen haben und so Zahlraumvorstellungen nur schwer ausgebildet werden können. Durch regelmäßiges Schätzen wird diese Kompetenz aufgebaut. Man kann außerdem durch gezieltes Besprechen der Schätzungen gemeinsam im Plenum Strategien entwickeln.

Hinweis

Sie können diese Übung auch jede Woche durchführen und so über das Schuljahr den*die Schätzmeister*in des Schuljahres küren. In diesem Fall empfiehlt es sich, die ersten drei Plätze mit Punkten zu belohnen. Der erste Platz würde demnach 3 Punkte bekommen, der zweite Platz 2 Punkte und der dritte Platz 1 Punkt.

Im Folgenden werden einige Ideen genannt, womit ein solches Schätzglas gefüllt werden kann:

- Muggelsteine
- Münzen
- Klemmsteine
- Sticker
- Kaffeebohnen
- Nudeln

Die hier dargestellte Auswahl soll einen Eindruck vermitteln, wie vielseitig der Inhalt eines Schätzglases aussehen kann – der Fantasie sind keine Grenzen gesetzt. Es ist auch möglich, die Lernenden einzubeziehen und zu schätzende Gegenstände mitbringen zu lassen.
Vorsicht ist bei der Verwendung von Stöcken geboten: Sobald ein Stock bricht, hat man plötzlich mehr Stöcke. Die Gesamtmenge kann daher einfach verfälscht werden.

Nudeln: © AlexeyNikitin1981 – Shutterstock.com
Kaffeebohnen: © xpixel – Shutterstock.com

SCHULTAGE ZÄHLEN

Ziel:	Visualisierung von kleinen und großen Zahlen, Gefühl für unterschiedliche Dauer bekommen
Klassenstufe:	5
Dauer:	ca. 5 Min.
Sozialform:	Plenum
Material:	3 Klarsichthüllen, außerdem Material zum Visualisieren (z. B. Kugeln, Stäbe etc.)

Beschreibung

Bereiten Sie zu Hause drei Klarsichtfolien vor, die Sie mit „H" für Hunderter, „Z" für Zehner und „E" für Einer beschriften. Organisieren Sie außerdem ausreichend Material, um die Anzahl der Tage zu visualisieren.
Hängen Sie die Folien für alle gut sichtbar im Klassenraum auf. Zu Beginn jeder Stunde wird gemeinsam abgelesen, wie viele Tage des Schul(halb)-jahres bereits abgelaufen sind. Im Anschluss wird ein neuer Stab (bzw. eine weitere Kugel) dazugelegt. Sobald ein Zehner- bzw. Hunderterübergang erfolgt, werden die neun Einer (bzw. Zehner) entfernt und entsprechend ein Stab (oder eine Kugel) in die Zehner- (bzw. Hunderter-)Folie gelegt.

Zielsetzung

Durch das gemeinsame Besprechen der Anzahl der Tage wird die Dauer des Schuljahres visualisiert. Zudem wird automatisch über Vorgänger und Nachfolger von Zahlen gesprochen, wodurch die Sprachbildung im Mathematikunterricht unterstützt wird.

Hinweis

Es können alternativ auch die durchgeführten Mathestunden gezählt werden, wenn man die Klasse nicht jeden Tag sieht.
In Anlehnung an das Dienes-Material kann es sinnvoll sein, Einer mit Kugeln bzw. Würfeln, Zehner mit Stäben etc. darzustellen. So kann das bereits aus der Grundschule bekannte Material gleich verknüpft werden. Vor allem leistungsschwächeren Schüler*innen wird es so ermöglicht, die Mengen schneller zu erfassen.

DATUM BESPRECHEN

Ziel: gemeinsames Ankommen
Klassenstufe: 5
Dauer: ca. 5 Min.
Sozialform: Plenum
Material: Kopiervorlage „Datum besprechen"

Beschreibung

Das Ritual zielt auf das gemeinsame Ankommen im Mathematikunterricht und Schulalltag ab. Zu Beginn der Stunde wird gemeinsam besprochen, um welchen Tag und welches Datum es sich handelt. Zur besseren Visualisierung können Sie die Kopiervorlagen auf Seite 77/78 nutzen. In diesem Zusammenhang kann auch besprochen werden, welcher Tag gestern war und welcher Tag morgen ist. Wichtige mathematische Begriffe, wie „Vorgänger" und „Nachfolger", können in diesem Zusammenhang ebenfalls wiederholt werden.

Zielsetzung

Die Übung, welche auf ein gemeinsames Ankommen im Schultag abzielt, eignet sich vor allem dann, wenn Mathematik als erstes Fach des Schultages unterrichtet wird. Gemeinsam wird den Schüler*innen mit diesem Ritual also nicht nur ein schöner Start für den Mathematikunterricht gegeben, sondern auch eine Orientierung für den Tag.

Weitere Ideen

Sollte der Fokus nicht nur auf der Einbindung von Sprachbildung im Fachunterricht liegen, ist es möglich, mit dem Datum weitere mathematische Erkenntnisse zu erzielen. Hier einige Beispiele:

- Berechnung der Quersumme des Datums mit der Fragestellung: Gibt es Daten mit denselben Quersummen?
- Betrachtung von Datumspalindromen, also einem Datum, welches sich von vorn und von hinten gleich lesen lässt.
- Nennung der Datumszahl ohne Punkte – aus dem 23.03.2023 wird dreiundzwanzig Millionen zweiunddreißig Tausend dreiundzwanzig.

KERNPROZESSE DES MATHEMATIK-UNTERRICHTS

Während Rituale dem allgemeinen Unterrichtsgeschehen einen Rahmen und den Lernenden damit eine Orientierung geben, spielen auch die Kernprozesse des Mathematikunterrichts eine wichtige Rolle bei der Strukturierung, Planung und Durchführung von gutem Mathematikunterricht.

Prediger et al. (2014) unterscheiden dabei im Wesentlichen zwischen den Kernkompetenzen des **Erkundens**, des **Ordnens** und des **Vertiefens**. Eine Vielzahl an Mathematikbüchern sind angelehnt an diese Kernprozesse konzipiert. Aus diesem Grund wird im Folgenden kurz beschrieben, was unter den einzelnen Kernprozessen zu verstehen ist, bevor im Anschluss konkrete Spiele und Übungen vorgestellt werden, die die einzelnen Kernprozesse unterstützen und die Arbeit mit dem Mathematikbuch abwechslungsreicher gestalten sollen.

Kernprozesse des Mathematikunterrichts

Der Kernprozess des **Erkundens** spielt auf das Anknüpfen an Vorerfahrungen und das Erarbeiten neuer Zusammenhänge an. Dabei soll das individuelle Vorwissen der Lernenden gezielt aktiviert werden, um tragfähige Verknüpfungen zwischen bereits gesammelten Erfahrungen und neuem Wissen zu erzeugen. Es ist dabei sinnvoll, dass sich die Lernenden sowohl aktiv als auch kommunikativ mit sogenannten substanziellen Lernumgebungen auseinandersetzen. Am Ende solcher Erkundungsphasen ist es wichtig, dass die Aktivitäten gemeinsam reflektiert und Mathematik sichtbar gemacht wird.

Es kann also zusammengefasst werden, dass im Kernprozess des Erkundens neues Wissen konstruiert wird, welches im Anschluss gefestigt werden muss. Dazu dient der Kernprozess des **Ordnens**, welcher auf das Systematisieren und Sichern des neuen Wissens abzielt. Das neue Wissen muss also zunächst reflektiert und bewusst gemacht werden. Außerdem muss das individuell erarbeitete Wissen mit dem regulären mathematischen Wissen abgeglichen werden. Das neue Wissen muss dabei mit dem bereits vorhandenen Wissen in Bezug gesetzt werden, Wissensnetze müssen aufgebaut und erweitert, regularisiert und vernetzt werden.

Der Kernprozess des **Vertiefens** setzt genau hier an, er zielt auf die Vernetzung der Lerninhalte ab und stellt das (produktive) Üben in den Vordergrund.
Insgesamt ist wichtig, festzuhalten, dass diese drei Kernprozesse nicht wie Unterrichtsphasen innerhalb einer 45-Minuten-Unterrichtsstunde abzuarbeiten sind. Vielmehr geht es um den allgemeinen Aufbau von Unterrichtseinheiten und damit auch von Schulbuchkapiteln. Es lohnt sich, mit dem Wissen um diese drei Kernprozesse einen Blick in das Schulbuch zu werfen. Oftmals wird dann deutlicher, wieso welche Aufgabenarten an welchen Stellen platziert wurden.
Im Folgenden werden nun konkrete Beispiele vorgestellt, wie man trotz Schulbucharbeit diese drei Kernprozesse noch mehr in den Blick nehmen kann.

Der Kernprozess des *Erkundens*: Anknüpfen an Vorwissen und Vorerfahrungen

Der Kernprozess des **Erkundens** zielt auf das Anknüpfen an Vorerfahrungen und Vorwissen und das Erarbeiten von neuem Wissen ab. Im Mittelpunkt stehen also zunächst die individuellen Interessen der Lernenden, an die nun angeknüpft werden soll. Dadurch entsteht meist auch eine höhere Motivation bei den Lernenden. Die zentrale Funktion dieses Kernprozesses ist das Erarbeiten des neuen Wissens sowie der Aufbau neuer Grundvorstellungen zu mathematischen Begriffen und mathematischen Zusammenhängen.
Da das Anknüpfen an Vorwissen und Vorerfahrungen naturgemäß von den mathematischen Themen abhängt, ist es kaum möglich, allgemeingültige Vorschläge für diesen Kernprozess zu machen. Allerdings gibt es durchaus Inhalte, die je nach Leitidee sinnvoll sind, zu wiederholen, bevor man mit dem eigentlichen Thema startet. Diese sollen im Folgenden dargestellt werden.

Mathematische Leitideen

Unter dem Begriff „mathematische Leitideen" werden Standards zu inhaltsbezogenen mathematischen Kompetenzen zusammengefasst. Eine Leitidee beinhaltet dabei mehrere mathematische Sachgebiete, die spiralcurricular durchgearbeitet werden sollen. Es wird zwischen fünf mathematischen Leitideen unterschieden (je nach Bundesland und Schulform kann die Bezeichnung leicht variieren):

L1: Algorithmus und Zahl
L2: Messen
L3: Raum und Form
L4: funktionaler Zusammenhang
L5: Daten und Zufall

Es liegt in der Natur der Dinge, dass die Vorbereitungen auf die Leitideen themenabhängig sind. Trotzdem gibt es Inhalte, die sich bei den einzelnen Leitideen lohnen, noch einmal besonders in den Blick genommen zu werden. Diese werden im Folgenden, nach Leitideen sortiert, vorgestellt.

Leitidee L1: Algorithmus und Zahl

Das Ziel der Leitidee Algorithmus und Zahl ist das Erlernen von **sinnhaften Vorstellungen und Darstellungen zu Zahlen und Operationen**. Außerdem beinhaltet die Leitidee das korrekte Nutzen von Rechenverfahren sowie deren Kontrollen.
Das Üben von Kopfrechenaufgaben (in allen Zahlbereichen) ist daher maßgeblich für die Leitidee und sollte immer im Fokus stehen. Auch die Übergänge zwischen den einzelnen Zahlbereichen müssen ständig geübt werden.

Leitidee L2: Messen

Ziel der Leitidee Messen ist das Bestimmen und Deuten von **Größen**. Dabei spielen neben Längen- und Flächenmaßen auch Volumina und Winkel eine wichtige Rolle. Um die unterschiedlichen Größen besser einschätzen und Messergebnisse kontrollieren zu können, ist es notwendig, dass die Lernenden sogenannte Stellvertretergrößen kennen. Damit sind unterschiedliche Beispiele gemeint, die als Stellvertreter für unterschiedliche Größenmaße stehen. So sollten die Lernenden beispielsweise wissen, dass die Handfläche ca. 1 dm^2 groß ist und ein 180°-Winkel aussieht wie ein Halbkreis. Sowohl Stellvertretergrößen als auch Schätzungen müssen regelmäßig wiederholt und geübt werden.

Leitidee L3: Raum und Form

Ziel der Leitidee Raum und Form ist die Entwicklung eines **geometrischen Vorstellungsvermögens**. Im Gegensatz zur Leitidee Messen geht es hierbei um den Umgang mit Raum und Form, also um die Eigenschaften und Beziehungen von geometrischen Objekten. Die Leitidee bezieht sich daher vor allem auf das Sachgebiet der Geometrie. Die Lernenden sollen zunächst unterschiedliche geometrische Objekte kennenlernen und eine Vorstellung dazu entwickeln. Um das Konstruieren solcher Objekte zu lernen, ist es wichtig, dass die Schüler*innen die notwendige Feinmotorik beherrschen. Vor allem in den jüngeren Klassenstufen ist es daher wichtig, auf das genaue Zeichnen und eine korrekte Handhabung der Konstruktionswerkzeuge zu achten. Machen Sie sich bewusst, dass eine ausschließlich digitale Konstruktion diese Feinmotorik nicht unterstützt und daher die händische Konstruktion nicht ersetzen sollte.

Leitidee L4: funktionaler Zusammenhang

Die Leitidee funktionaler Zusammenhang bezieht sich, wie der Name schon impliziert, auf die **funktionalen Beziehungen zwischen Zahlen und Daten**. Es geht also ganz konkret um die Fähigkeit, von einem Wert auf einen anderen Wert zu schließen, und nicht nur um Funktionen im mathematischen Sinn. Vielmehr wird bereits in der Grundschule die Basis für die Leitidee funktionaler Zusammenhang gelegt, indem Themen wie Zwei- und Dreisatz im Mathematikunterricht behandelt werden.

Leitidee L5: Daten und Zufall

Hauptsachgebiet der Leitidee Daten und Zufall sind **Statistik und Wahrscheinlichkeitsrechnung**. Neben Berechnungen und Modellierungen von zufallsabhängigen Daten steht auch das kritische Hinterfragen von statistischen Aussagen im Fokus der Leitidee. Dieses kann dabei bereits sehr früh unterstützt werden, indem die Schüler*innen angeregt werden, statistische Daten zu überprüfen.
Dazu ist es sinnvoll, die Lernenden eigene Daten sammeln und darstellen zu lassen. Durch geschicktes Auswählen der Darstellungen kann so bereits in der Grundschule gezeigt werden, wie schnell und einfach die Wahl der Darstellungsmethode Daten anders aussehen lässt.

Überblickstabelle

Algorithmus & Zahl	Messen	Raum & Form	funktionaler Zusammenhang	Daten & Zufall
Kopfrechnen rückwärts (S. 39) Rechenspaziergang (S. 40) Mathe-Fußball (S. 44) Aufgaben würfeln (S. 47) Himmel und Hölle (S. 61)	Schätzglas (S. 14) Paare suchen (S. 33) Menschen-Memo (S. 34) Bingo (S. 45)	Schiffe versenken (S. 32) Wer bin ich? (S. 49)	Schiffe versenken (S. 32) alle Übungen zum Thema Kopfrechnen	Schreibkonferenzen (S. 29) Wahr oder falsch? (S. 74)

Der Kernprozess des *Ordnens*: Systematisieren und Sichern

So wichtig wie das Entdecken neuer mathematischer Inhalte und Zusammenhänge ist, so braucht guter (und effizienter) Mathematikunterricht mehr als nur das selbstständige Entdecken von Mathematik. Vielmehr muss das neu Erlernte in Bezug zu anderen mathematischen Inhalten gesetzt werden, damit Zusammenhänge verstanden und Bedeutungen hervorgehoben werden können.

SPICKZETTEL SCHREIBEN

Ziel:	Inhalte eigenständig zusammenfassen, Vorbereitung auf Lernerfolgskontrollen
Klassenstufe:	5–13
Dauer:	15 Min.
Sozialform:	Einzelarbeit
Material:	–

Beschreibung

Geben Sie den Lernenden die Aufgabe, einen Wissensspeicher oder „Spickzettel" (mit vorgegebener Länge, z. B. eine DIN-A6-Seite) zu erstellen. Die Lernenden können sich dabei gegenseitig beraten und Rückfragen an Sie sind auch erlaubt, sie sollen aber grundsätzlich selbstständig arbeiten. Im Anschluss werden die Wissensspeicher eingesammelt und in Bezug auf ihre Qualität kommentiert. Es ist sinnvoll, dabei keine negative Bewertung vorzunehmen, sondern die Stärken der Lernenden positiv hervorzuheben.

Zielsetzung

Wissensspeicher dienen den Lernenden dabei, das erworbene Wissen sichtbar und überschaubar zu machen. Außerdem eignen sie sich dazu, sich später wieder an das Gelernte zu erinnern. Solche Wissensspeicher können außerdem Diskussionen anregen, welches Wissen wichtig und notwendig ist.

Hinweis

Durch den Begriff „Spickzettel" statt „Wissensspeicher" sind die Lernenden meist noch motivierter bei der Arbeit.
Weiterführend wäre es möglich, Regeln für einen besonders guten Spickzettel zu erarbeiten. Hier könnten die Lernenden in einer Art Marktplatz die Zettel der anderen Lernenden betrachten und sammeln, was sie als besonders gelungen wahrgenommen haben.

Spickzettel: © Jan Engel – stock.adobe.com

LERNLANDKARTEN GESTALTEN

Ziel:	Inhalte eigenständig zusammenfassen, Vorbereitung auf Lernerfolgskontrollen, Strukturieren von Lerninhalten
Klassenstufe:	5–13
Dauer:	15 Min.
Sozialform:	Einzelarbeit
Material:	–

Beschreibung

Das Gestalten von Lernlandkarten ist eine gute Möglichkeit, Inhalte eines oder mehrerer Unterrichtsthemen zu strukturieren und in Zusammenhang zu bringen. Weisen Sie die Lernenden an, zu einem vorgegebenen Thema Ideen und Gedanken zu sammeln, die sie im Anschluss ordnen. So können schnell und einfach Zusammenhänge und Verbindungen zwischen einzelnen Inhalten aufgedeckt werden.
Wenn die Lernenden noch ungeübt sind, ist es sinnvoll, wenn Sie zu Beginn in einer Art Brainstorming alle Ideen und Gedanken der Lernenden auf Karten oder an die Tafel schreiben. In einem zweiten Schritt werden (thematisch) ähnliche Begriffe zusammengestellt. Es lohnt sich dabei, jeden Begriff zuvor auf eine einzelne Karte zu schreiben, um den Prozess des Clusterns zu vereinfachen. Durch das Clustern entstehen einzelne „Inseln", die die mathematischen Themen und deren Inhalte darstellen.

Zielsetzung

Durch das selbstständige Erstellen von Lernlandkarten strukturieren die Lernenden zuvor erlernte mathematische Inhalte. Der Vorteil einer Lernlandkarte gegenüber einem „normalen" Wissensspeicher ist die visuelle Darstellungsform. Bei Lernlandkarten werden die Inhalte mehr durch Pfeile oder Gruppierungen in Beziehung gesetzt, wobei diese auch visuell dargestellt werden und so in der Regel schneller verarbeitet werden können.

Mögliche digitale Umsetzung

Es kann sinnvoll sein, die einzelnen Begriffe mithilfe von digitalen Tools zu sammeln. So kann ein Clustern vereinfacht werden. Hierfür eignet sich beispielsweise die Website oncoo.de

Um visuell ansprechende Lernlandkarten zu erstellen, eignen sich beispielsweise *Genially* oder *TaskCards*. Bei *Genially* gibt es bereits eine Vielzahl an Lernlandkarten, die nur noch für den eigenen Gebrauch angepasst werden müssen. Diese beiden Tools sind jedoch eher für Lehrpersonen statt für Schüler*innen gedacht.

Karteikarte: © DOC RABE Media – stock.adobe.com

ZUSAMMENFASSENDE VORTRÄGE

Ziel:	Inhalte wiederholen, Vorbereitung auf Lernerfolgskontrollen
Klassenstufe:	5–13
Dauer:	15 Min.
Sozialform:	Einzelarbeit, ggf. Partnerarbeit
Material:	–

Beschreibung

Eine bewährte Methode, um zu überprüfen, ob die Lernenden den Unterrichtsstoff verstanden haben, sind die zusammenfassenden Vorträge. Am Ende einer Einheit und/oder als Vorbereitung einer Lernzielkontrolle wählen Sie eine*n oder mehrere Schüler*innen aus. Die Lernenden bekommen von Ihnen ein Thema vorgegeben, zu welchem sie in Eigenregie (z. B. zu Hause) einen Vortrag erarbeiten. Das Ergebnis tragen sie in der nächsten Unterrichtsstunde vor der Klasse vor.

Zielsetzung

Durch einen zusammenfassenden Vortrag können zum einen Inhalte schnell wiederholt werden, zum anderen ist es auch eine einfache Möglichkeit, den Lernenden Zusatznoten zu ermöglichen.

Hinweise

Es sollte vorher mit der Klasse (oder zumindest mit der vortragenden Gruppe) besprochen werden, was die Voraussetzungen für einen mathematischen Vortrag sind. Ab der 8. Klasse ist es beispielsweise sinnvoll, computergestützte Präsentationen oder auch die Verwendung von dynamischer Geometriesoftware einzufordern.

SCHREIBKONFERENZEN

Ziel:	Inhalte eigenständig zusammenfassen, Verfassen eigener mathematischer Texte, Verbesserung der mathematischen Fachsprache
Klassenstufe:	5–13
Dauer:	15–45 Min.
Sozialform:	erst Einzel-, dann Gruppenarbeit
Material:	–

Beschreibung

Diese Übung bietet sich an, wenn Sie merken, dass Ihre Schüler*innen mit der mathematischen Fachsprache Probleme haben. Weisen Sie die Lernenden an, zunächst in Einzelarbeit zu einem von Ihnen vorgegebenen Thema ein Schriftstück zu verfassen. Geben Sie den Schüler*innen einen Zeitrahmen vor. Nach Ablauf der Zeit finden sich Kleingruppen (es eignen sich Gruppengrößen á vier Personen) zusammen und alle lesen sich ihre Texte gegenseitig vor. Nach jedem Vorlesen wird das jeweilige Schriftstück gemeinsam durchgegangen, Verständnisfragen werden gemeinsam geklärt. Außerdem werden die einzelnen Texte in Hinblick auf Rechtschreibung, Ausdruck, mathematische Richtigkeit und Verständlichkeit überarbeitet. Im Anschluss wird diskutiert, ob eine bereits vorhandene Fassung als beste ausgewählt wird oder ob gemeinsam eine neue Fassung erstellt wird.

Zielsetzung

Das Fach Mathematik verknüpfen die meisten Lernenden mit Rechnen und nur selten mit dem Schreiben von Texten. Zur Schulung der mathematischen Fachsprache ist es jedoch auch wichtig, die Schriftlichkeit des Faches hervorzuheben. Die anschließende gemeinsame Überarbeitung der Textstücke regt außerdem die Diskussion über die Qualität mathematischer Fachsprache an.

TEXTPUZZLE

Ziel: Zusammenfügen von Textbausteinen zur sprachlichen Entlastung bei der Formulierung von Merksätzen
Klassenstufe: 5–13
Dauer: 10 Min.
Sozialform: Einzel- oder Partnerarbeit
Material: –

Beschreibung

Erstellen Sie je nach aktuellem Thema Merksätze oder auch passende Aussagen zum Stoff. Kopieren Sie diese Sätze in ausreichender Anzahl und zerschneiden Sie sie im Anschluss. Achten Sie darauf, die Schnipsel als Sets zusammenzustellen, damit nichts durcheinandergerät. Verteilen Sie die Schnipsel-Sets an die Schüler*innen. Die ungeordneten Satzteile und Wörter sollen von den Lernenden wieder zu sinnvollen (Merk-)Sätzen zusammengestellt werden. Die Länge der Satzteile entscheidet dabei über den Schwierigkeitsgrad der Aufgabe.

Zielsetzung

Durch das mehrmalige Lesen der Textbausteine werden die (Fach-)Wörter gefestigt. Außerdem findet durch die Vorgabe von Wörtern und Satzbausteinen eine sprachliche Entlastung bei der Formulierung von Merksätzen statt.

Puzzleteile: © rootstock – Shutterstock.com

KERNPROZESSE DES MATHEMATIKUNTERRICHTS

Der Kernprozess des *Vertiefens*: Üben und Vernetzen

Um einen langfristigen Lernerfolg zu erreichen, ist es wichtig, dass die neu erlernten Inhalte geübt und gefestigt werden. Dabei ist es neben dem Üben von standardisierten Verfahren auch wichtig, den flexiblen Umgang mit den mathematischen Inhalten anzustreben. Die Schüler*innen müssen außerdem lernen, die neuen Begrifflichkeiten in unterschiedlichen Kontexten zu nutzen.

Im Folgenden werden unterschiedliche Arten an Übungsaufgaben vorgestellt: neben diversen Spielen auf der einen Seite Aufgaben, die eher auf das systematische Einüben von Standardverfahren abzielen, und auf der anderen Seite Aufgaben, die eher dem produktiven Üben zuzuordnen sind.

Unter produktiven Übungsaufgaben versteht man Aufgaben, die individuell auf die unterschiedlichen Leistungsniveaus der Lernenden eingehen. Rott (2018) beschreibt drei Strategien, wie man aus bereits vorhandenen (Schulbuch-)Aufgaben produktive Übungsaufgaben erstellen kann:

1. Aufgaben umkehren: Die normalerweise gesuchten Werte sind nun gegeben und es müssen andere Werte ermittelt werden.
2. Störaufgaben: In Aufgabenpäckchen, die einem bestimmten Muster folgen, wird bewusst eine Aufgabe eingebaut, die nicht diesem Muster folgt.
3. Muster finden und nutzen: Aufgaben werden in ähnliche „Päckchen" zusammensortiert. Die Lernenden sollen im Anschluss an die Lösung die Zusammenstellung reflektieren.

Auch hier lohnt sich also ein Blick in das Schulbuch, denn oftmals können scheinbar langweilige „Päckchenaufgaben" durch einfache Modifizierungen in produktive Übungsaufgaben verwandelt werden.

SCHIFFE VERSENKEN

Ziel: Umgang mit Koordinatensystemen üben
Klassenstufe: 7–13
Dauer: 10 Min.
Sozialform: Partnerarbeit
Material: Kopiervorlage „Schiffe versenken"

Beschreibung

Kopieren Sie zunächst die Vorlage „Schiffe versenken" (S. 79) in ausreichender Menge und verteilen Sie eine Kopie an jede*n Schüler*in.
Die Klasse findet sich in 2er-Teams zusammen. Beide Personen eines jeden Teams zeichnen zunächst fünf Schiffe (einmal 4 Punkte lang, einmal 3 Punkte lang und 3-mal 2 Punkte lang) in das vorgefertigte Koordinatensystem ein. Wichtig ist dabei, darauf hinzuweisen, dass im Gegensatz zum herkömmlichen „Schiffe versenken" die Punkte im Koordinatensystem eingezeichnet werden und nicht die Kästchen. Sobald alle Schiffe eingezeichnet wurden, kann das Spiel starten. Die Teammitglieder nennen sich gegenseitig abwechselnd Punkte, an denen sie ein Schiff der anderen Person vermuten. Sobald ein Schiff „getroffen" wurde, sagt die andere Person das laut an und die ratende Person ist noch einmal an der Reihe. Sind alle Punkte eines Schiffes entdeckt worden, sagt die betreffende Person „Schiff versenkt".

Zielsetzung

Auf spielerische Art und Weise soll der Umgang mit dem Koordinatensystem geübt werden. Der schnelle Wechsel zwischen den zu suchenden und zu findenden Punkten führt zu einem sichereren Umgang mit dem Koordinatensystem, der zudem mit viel Spaß bei den Lernenden verbunden ist.

Hinweis

Lerngruppen, die bereits erste Erfahrungen im Umgang mit dem Koordinatensystem haben, können die Koordinatensysteme auch selbst zeichnen.
Es ist auch möglich, die negativen Quadranten mit einzubeziehen.

PAARE SUCHEN

Ziel: Umrechnen üben
Klassenstufe: 5–10
Dauer: 15 Min.
Sozialform: Einzel- oder Partnerarbeit
Material: Kopiervorlage „Paare suchen"

Beschreibung

Kopieren Sie die befüllte Vorlage „Paare suchen" (S. 80) in ausreichender Zahl (je nachdem, ob die Schüler*innen allein, zu zweit oder in Kleingruppen spielen sollen). Kopieren Sie alternativ die Blanko-Vorlage, befüllen Sie sie mit passenden Aufgaben und kopieren Sie sie anschließend in ausreichender Zahl. Zerschneiden Sie die Vorlagen im Vorfeld selbst oder lassen Sie dies die Schüler*innen im Klassenraum erledigen (sollten im Klassenraum ausreichend Scheren zur Verfügung stehen). Zu Beginn des Spiels werden alle Karten verdeckt auf den Tisch gelegt und gemischt. Nun deckt die erste Person jeweils zwei Karten auf. Wenn ein zusammengehöriges Paar gefunden wurde, nimmt sich die Person die Karten. Zusammengehörige Paare müssen dabei durch Umrechnen der einzelnen Einheiten gefunden werden (z. B. 0,5 kg und 500 g oder $\frac{1}{4}$ und 25 %). Wenn ein Paar gefunden wurde, ist die Person noch einmal dran. Wenn zwei Karten nicht zueinandergehören, oder aber wenn die Person nicht erkannt hat, dass es sich um ein zusammengehörendes Paar handelt, werden die Karten wieder umgedreht und die nächste Person ist dran. Wenn zwei oder mehrere Schüler*innen gegeneinander spielen, hat die Person gewonnen, die die meisten Paare gefunden hat.

Zielsetzung

Ziel des Spiels ist das Üben von Einheiten und deren Umrechnungen.

Hinweis

Es ist selbstverständlich auch möglich, Grundrechenarten oder andere Themen beim mathematischen Paaresuchen zu verwenden. Dazu gibt es jedoch bereits eine Vielzahl an anderen Spielen. Das Umrechnen von Einheiten hat sich in der Praxis beim Paare-suchen-Spiel bewährt.
Im Rahmen eines binnendifferenzierten Mathematikunterrichts können die Karten auch von Schüler*innen selbst erstellt werden.

MENSCHEN-MEMO

Ziel: Umrechnen üben
Klassenstufe: 5–10
Dauer: 15 Min.
Sozialform: Plenum
Material: –

Beschreibung

Ähnlich wie beim Spiel „Paare suchen" (s. S. 33) werden auch hier zusammengehörende Pärchen gesucht. Allerdings wird beim Menschen-Memo nicht mit Karten gespielt, sondern mit der gesamten Klasse. Wählen Sie zu Beginn des Spiels zwei Schüler*innen aus, die vor die Tür gehen müssen. Sie werden im Anschluss gegeneinander antreten. Während die beiden Kontrahent*innen vor der Tür warten, finden sich die Schüler*innen in der Klasse zu mathematischen Paaren (z. B. 1 m und 100 cm) zusammen. Sobald alle Paare formiert sind (achten Sie darauf, dass es zu keinen Dopplungen kommt), können die beiden Schüler*innen vor der Tür wieder hereinkommen und das Spiel kann beginnen. Ab hier gelten dieselben Regeln wie bei „Paare suchen" – der*die erste Mitspielende fragt nacheinander zwei Schüler*innen, die daraufhin ihren mathematischen Wert nennen. Handelt es sich um ein zusammengehöriges Paar, gibt es einen Punkt und die Person ist noch einmal dran. Die Person, die die meisten zusammengehörigen Paare gefunden und damit die meisten Punkte hat, gewinnt das Spiel.

Zielsetzung

Ziel des Menschen-Memos ist das spielerische Üben von Einheiten und deren Umrechnungen.

Hinweis

Auch hier ist es möglich, andere Themen als Grundlage des Spiels auszuwählen. Die Praxis hat jedoch gezeigt, dass es nicht sinnvoll ist, allzu komplexe Aufgaben oder Themen auszuwählen, da das Spiel „Menschen-Memo" allein auf Zuhören basiert und damit eher als schwer wahrgenommen wird.

Begriffe erklären mit Hindernissen

Ziel: mathematische Begriffe in eigenen Worten beschreiben
Klassenstufe: 5–13
Dauer: 5–30 Min. (je nach Anzahl der zu erratenden Begriffe)
Sozialform: Partner- oder Gruppenarbeit
Material: Kopiervorlage „Erklär-Karten"

Beschreibung

Kopieren Sie die befüllte Vorlage „Erklär-Karten" (S. 82) in ausreichender Zahl (je nachdem, wie viele Teams gegeneinander antreten sollen, mindestens aber einmal). Kopieren Sie alternativ die Blanko-Vorlage, befüllen Sie sie mit passenden Begriffen und kopieren Sie sie anschließend in ausreichender Zahl. Zerschneiden Sie die Vorlagen im Vorfeld selbst oder lassen Sie dies die Schüler*innen im Klassenraum erledigen (sollten im Klassenraum ausreichend Scheren zur Verfügung stehen). Teilen Sie die Schüler*innen in mindestens zwei Gruppen ein.

Die Schüler*innen sollen die mathematischen Begriffe auf den Karten den eigenen Teammitgliedern in eigenen Worten erklären. Ein Mitglied einer anderen Gruppe passt jeweils auf, dass dabei kein „verbotener" Begriff verwendet wird. Errät die Gruppe das gesuchte Wort, bekommt sie einen Punkt. Verwendet die erklärende Person einen Begriff, den sie nicht verwenden darf, bekommen die anderen einen Punkt.

Je nach Schwierigkeitsgrad können beliebig viele Begriffe festgelegt werden, die für die Erklärung NICHT genutzt werden dürfen.
Achten Sie darauf, dass die Begrifflichkeiten, die beschrieben werden sollen, noch erklärbar sind. Dies kann bei zu vielen ausgeschlossenen Begriffen schwierig werden.

Zielsetzung

Die Schüler*innen üben das Beschreiben und Verwenden von mathematischen Begriffen. Dadurch werden die allgemeinen mathematischen Kompetenzen K1 (mathematisch argumentieren) und K6 (mathematisch kommunizieren) gefördert.

Die Schüler*innen können die Erklär-Karten auch selbst erstellen. Dabei muss allerdings besonders darauf geachtet werden, dass die Begriffe noch erklärbar sind. Um diese Hürde zu umgehen, kann beispielsweise bei der Erstellung der Erklär-Karten gefordert werden, dass Beispielerklärungen als eine Art Musterlösungen erstellt werden. Sammeln Sie mit der Klasse eine ausreichende Anzahl von Begriffen und lassen Sie die Schüler*innen die Karten in Kleingruppen erarbeiten.

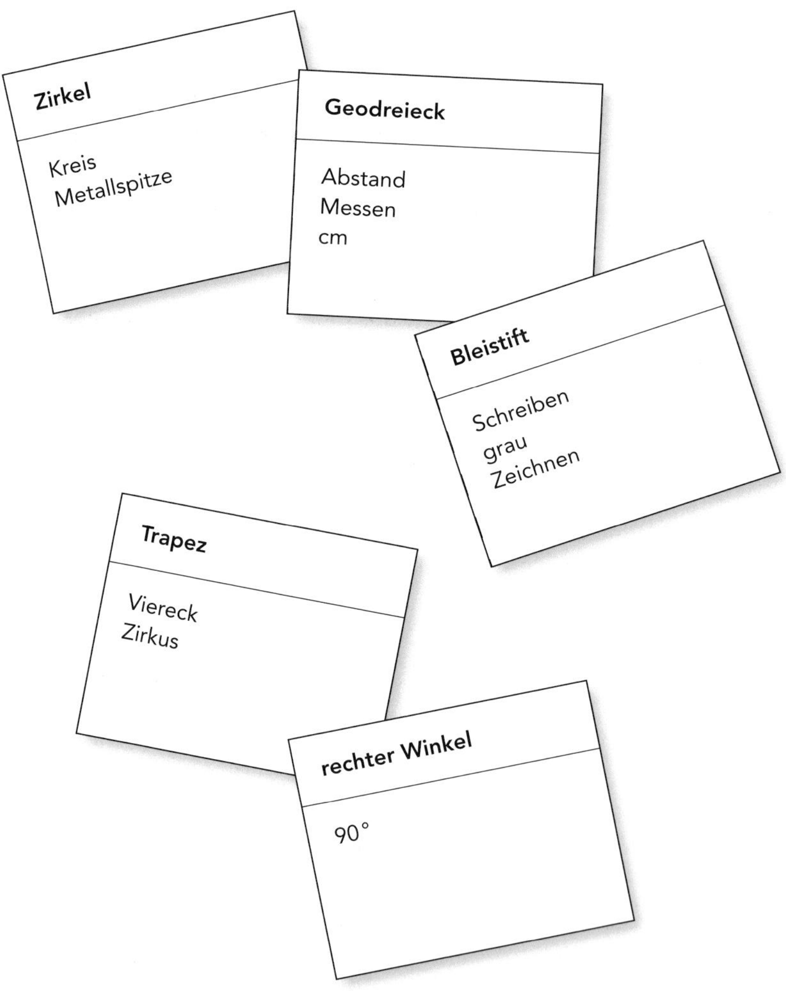

SCHLANGEN UND LEITERN

Ziel:	spielerisches Üben von Basiswissen
Klassenstufe:	5–13
Dauer:	ca. 20 Min.
Sozialform:	Gruppenarbeit
Material:	Kopiervorlage „Schlangen und Leitern"; ein Würfel pro Spielgruppe, je eine Spielfigur pro Spieler*in

Beschreibung

Kopieren Sie die Vorlage „Schlangen und Leitern" (S. 84) in ausreichender Zahl (je nachdem, in wie vielen Kleingruppen gespielt werden soll) und organisieren Sie pro Spielgruppe einen Würfel und Spielfiguren für alle. Erstellen Sie für jede Spielgruppe einen Aufgabenzettel, der für jedes Spielfeld eine Aufgabe enthält (wenn Sie im Vorfeld schon wissen, in welche Gruppen Sie Ihre Schüler*innen einteilen, wäre es auch möglich, für jede Gruppe einen eigenen Aufgabenzettel zu erstellen). Erstellen Sie, wenn nötig, außerdem einen oder mehrere passende Lösungszettel. Dafür können Sie die Vorlagen S. 85/86 nutzen.

Die Person, die beginnt, würfelt und zieht ihre Spielfigur auf das entsprechende Feld. Sie liest die passende Aufgabe des Aufgabenzettels laut vor und löst diese. Wenn dies der Person nicht gelingt, muss sie eine Runde aussetzen. Beginnt auf dem erwürfelten Feld eine Schlange, so muss die Spielfigur der Person ihr folgen. Die Figur wird auf das Feld gesetzt auf dem die Schlange endet. Dadurch verlängert sich der Weg zum Ziel. Erreicht die Spielfigur ein Feld, an dem eine Leiter beginnt, so darf man die Leiter hinaufklettern. Dadurch verkürzt sich der Weg zum Ziel. Gewonnen hat die Person, die als Erstes das Ziel erreicht hat.

Zielsetzung

Auf spielerische Art und Weise wird den Schüler*innen ermöglicht, Basiswissen und Grundfertigkeiten zu üben. Da das Spiel jedoch nicht nur mit einem hohen Wissensstand zu lösen ist, sondern auch Glück und Pech eine Rolle spielen, ist es auch Schüler*innen, die nicht die besten in der Gruppe sind, möglich, das Spiel zu gewinnen. Dadurch kommt es zu einer höheren Motivation, vor allem bei den schwächeren Lernenden.

SCHLANGEN UND LEITERN

Hinweis

Halten Sie sich als „Schiedsrichter*in" bereit, sollte es in den Gruppen zu Diskussionen über die Korrektheit der Lösungen kommen. Erstellen Sie alternativ ein Lösungsblatt, welches an Ihrem Pult im Zweifelsfall eingesehen werden kann.

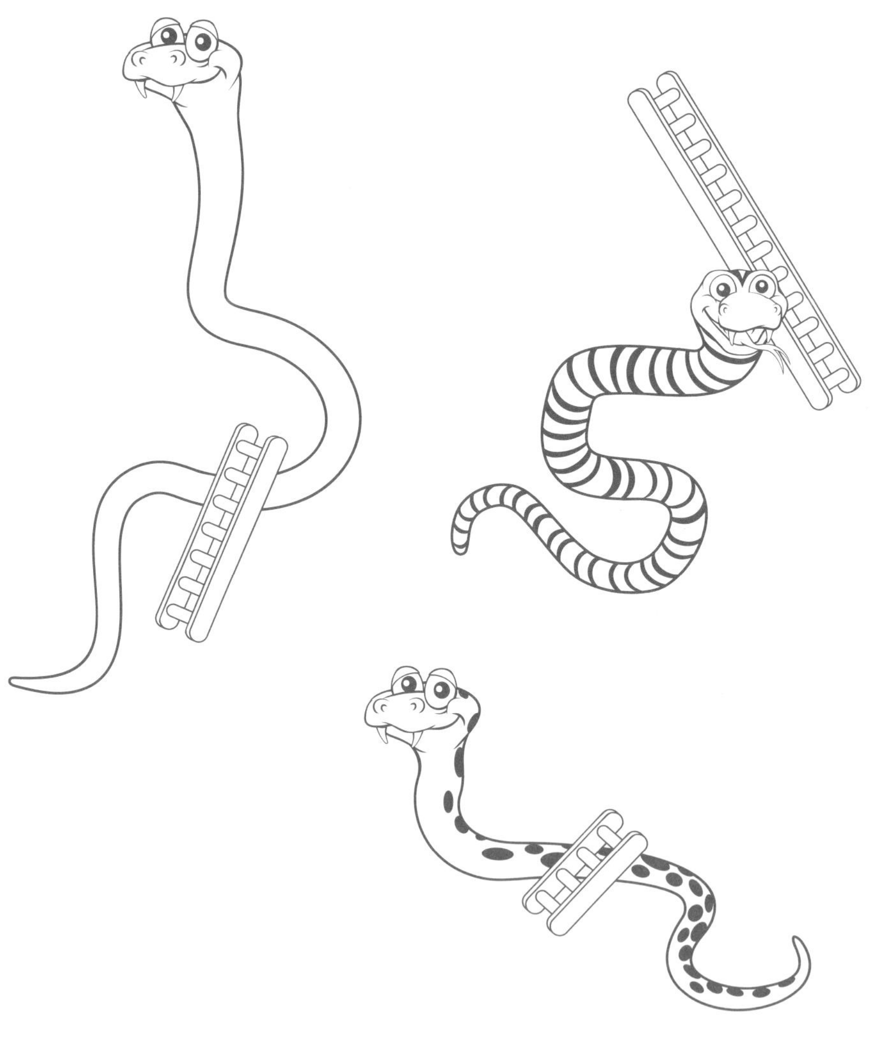

Illustrationen: © Christos Georghiou – Shutterstock.com

KOPFRECHNEN RÜCKWÄRTS

Ziel: Kopfrechnen üben und Kreativität fördern
Klassenstufe: 5–13
Dauer: ca. 5 Min.
Sozialform: Einzelarbeit
Material: –

Beschreibung

Schreiben Sie eine Zahl an die Tafel. Die Lernenden müssen Aufgaben aufschreiben, deren Lösung die vorgegebene Zahl ist, und zwar so viele, wie ihnen in vorgegebener Zeit (z. B. 2 Minuten) einfallen. Ansonsten gibt es keine weiteren Vorgaben, die Schüler*innen sollen ihrer Fantasie im Finden von Aufgaben freien Lauf lassen. Nach Ablauf der vorgegebenen Zeit dürfen alle ihre Rechnungen (bei Bedarf auch evtl. mit dem Taschenrechner) überprüfen. Wer die meisten Aufgaben gefunden hat, hat gewonnen. Zusätzlich ist es auch möglich, die kreativste Aufgabe zu küren.

412 = 200 + 212

Zielsetzung

Neben dem Kopfrechnen wird hier vor allem das kreative mathematische Denken der Lernenden gefördert. Dies ist besonders dann wichtig, wenn an anderer Stelle Problemlöse- oder Modellierungsaufgaben gelöst werden sollen. Der Wettbewerbscharakter spornt die Lernenden zudem an und erhöht die Motivation, möglichst viele Aufgaben zu finden. Es bietet sich auch an, aus diesem Spiel ein Ritual zu machen und es regelmäßig durchzuführen.

412 = 411 + 1

412 = 400 + 12

412 = 100 + 100 + 100 + 100 + 12

412 = 103 x 4

Rechenspaziergang

Ziel: Verknüpfung von Rechenaufgaben und Bewegung
Klassenstufe: 5, 6
Dauer: ab 20 Min.
Sozialform: Einzelarbeit
Material: Kopiervorlage „Rechenspaziergang Aufgaben", Kopiervorlage „Rechenspaziergang Bildbogen", Kopiervorlage „Rechenspaziergang Lösungen", Schere, Kleber für alle

Beschreibung

Kopieren Sie die Vorlage „Rechenspaziergang Aufgaben" (S. 87) einmal, befüllen Sie die Vorlage mit passenden Aufgaben und kopieren Sie sie dann für alle Schüler*innen. Kopieren Sie die Vorlage „Rechenspaziergang Lösungen" (S. 89) einmal und befüllen Sie sie mit den passenden Lösungen. Zerschneiden Sie die Lösungen und verteilen Sie sie im Klassenraum (oder, wenn möglich, auch im Schulgebäude oder im Pausenhof). Kopieren Sie die Vorlage „Rechenspaziergang Bildbogen" (S. 88) für die gesamte Klasse. Verteilen Sie die Aufgaben und den Bildbogen an alle. Die Aufgaben sollen die Schüler*innen in Einzelarbeit berechnen. Sobald sie die Lösung zu einer Aufgabe haben, machen sich die Lernenden auf die Suche nach einer Lösungskarte, die das Ergebnis beinhaltet. Neben dem Ergebnis hat jede Karte auch ein Bild, welches einem der Bilder auf dem Bildbogen entspricht. Wenn ein*e Schüler*in das richtige Ergebnis gefunden hat, merkt er*sie sich das darauf befindliche Bild, schneidet es im Anschluss aus dem eigenen Bildbogen aus und klebt es auf den Rechenbogen auf. So können Sie am Ende der Übungsphase schnell kontrollieren, ob die Aufgaben richtig berechnet wurden.

Zielsetzung

Durch die Kombination von Üben und Bewegen werden mehrere Sinne angesprochen, was zu einem tieferen Lernprozess führt. So kann auf spielerische Art und Weise Basiswissen wiederholt und gefestigt werden, ohne dass es zu Langeweile oder Frustration kommt.

HILFESTELLUNGEN ZUM LÖSEN VON TEXTAUFGABEN

Ziel: Lösen von Textaufgaben üben
Klassenstufe: 5–13
Dauer: ab 10 Min.
Sozialform: Einzelarbeit
Material: Kopiervorlage „Textaufgaben lösen leicht gemacht"

Beschreibung

Textaufgaben sind für viele Lernende eine Qual. Für das erfolgreiche Bearbeiten haben sich drei Strategien als hilfreich erwiesen:

1. Identifizierung von relevanten Informationen:
   Was erfahre ich und was davon ist wichtig?
2. Deutung von Informationen und Zahlen im Sachzusammenhang:
   Was bedeuten die Zahlen und Aussagen?
3. Fokussierung auf Relationen zwischen den Informationen:
   Wie hängen die Informationen zusammen?

Für die Lernenden ist es daher wichtig, diese drei Strategien von Beginn an zu üben, um Schwierigkeiten im Umgang mit Textaufgaben möglichst frühzeitig entgegenzuwirken. Die Kopiervorlage „Textaufgaben lösen leicht gemacht" (S. 90) bietet dabei eine universelle Hilfe. Erstellen Sie zum aktuellen Stoff passende Textaufgaben und lassen Sie Ihre Schüler*innen mithilfe der Kopiervorlage das Lösen üben.

Zielsetzung

Durch das Arbeitsblatt bekommen die Lernenden eine Struktur an die Hand, die beim Lösen von Textaufgaben während der gesamten Schullaufbahn hilfreich sein kann.

FÜR ZWISCHENDURCH

Neben all den Gedanken zu gutem Mathematikunterricht sollten wir nicht vergessen, dass es zwischendurch immer mal wieder Phasen gibt, in denen die Lernenden kleine Auflockerungen benötigen.
Die folgenden Beispiele eignen sich für beinah jede Unterrichtsphase. Außerdem sind sie auch immer gut im Vertretungsunterricht einzusetzen.

MATHE-FUSSBALL

Ziel:	Kopfrechnen üben
Klassenstufe:	5–13
Dauer:	ca. 10 Min.
Sozialform:	Plenum
Material:	Magnet

Beschreibung

Zeichnen Sie ein abstrahiertes Fußballfeld an die Tafel, mit einem Ausgangspunkt in der Mitte und auf beiden Spielhälften die gleiche Anzahl an Markierungen bis zum Tor. Sofern mit einem Smartboard gearbeitet wird, kann selbstverständlich auch das Bild eines Fußballfeldes angezeigt werden.
Teilen Sie vor dem Beginn des Spiels die Klasse in zwei Teile und ordnen Sie den Schüler*innen Zahlen zu. Wichtig ist dabei, dass die Gruppen gleich groß sind und jede Zahl in jeder Gruppe einmal vorkommt. Wählen Sie nun zwei Schüler*innen aus, die gegeneinander antreten, indem Sie eine Zahl sagen. Stellen Sie den beiden eine Aufgabe, die sie im Kopf lösen sollen. Wer die Aufgabe als Erstes lösen kann, ruft die Antwort in den Raum. Der Rest der Klasse muss die Aufgabe ebenfalls im Kopf rechnen. Ist die Lösung richtig, wandert der Ball (z. B. in Form eines Magneten) einen Schritt in Richtung des gegnerischen Tors. Um den Spielablauf transparenter zu gestalten, ist es sinnvoll, zuvor entweder eine Spieldauer oder eine Anzahl der zu treffenden Tore vorzugeben. Es ist auch möglich, das Spiel über mehrere Stunden oder einen längeren Zeitraum hinweg zu spielen.

Zielsetzung

Durch Mathefußball kann auf spielerische Art und Weise das Kopfrechnen geübt werden. Durch das zufällige Auswählen der Schüler*innen kommt es zu unterschiedlichen Zusammensetzungen der Teams, wodurch der Zusammenhalt der Klasse unabhängig von bestehenden Peergroups gestärkt wird.

BINGO

Ziel:	Kopfrechnen üben
Klassenstufe:	5–13
Dauer:	ca. 10 Min.
Sozialform:	Plenum
Material:	Kopiervorlage „Bingo“

Beschreibung

Weisen Sie die Schüler*innen an, ein Bingo-Feld in einer von Ihnen vorgegebenen Größe (z. B. 3 x 3 Kästchen) in die Hefte zu zeichnen, oder kopieren Sie zur Zeitersparnis alternativ die Blanko-Vorlage (S. 91). Anschließend sollen sich die Schüler*innen Zahlen überlegen, die sie in die Kästchen eintragen. Geben Sie dafür den zur Verfügung stehenden Zahlenbereich (z. B. ganze Zahlen im Intervall von -10 bis 10) an. Wenn alle Schüler*innen ihr Bingofeld erstellt und mit Zahlen gefüllt haben, starten Sie mit Kopfrechenaufgaben. Wichtig ist, dass die Lösungen der Aufgaben sich im zuvor genannten Intervall befinden.
Stimmt die Lösung einer Aufgabe mit einer Zahl auf dem eigenen Bingofeld überein, so darf diese durchgestrichen werden. Sobald eine Person eine Zeile oder Spalte ihres Bingofeldes komplett durchgestrichen hat, ruft sie laut „Bingo!“. Die Aufgaben werden gemeinsam kontrolliert, um zu überprüfen, ob die eingetragenen Zahlen auch wirklich als Lösungen vorkamen.

Zielsetzung

Kopfrechnen ist bei den Lernenden meist nicht das beliebteste Thema im Mathematikunterricht, obgleich es wohl eines der wichtigsten ist. Deshalb ist es von großer Bedeutung, gerade diese Grundfertigkeit immer wieder auf neue und auch spielerische Art in den Unterricht einzubringen. Durch diese Herangehensweise wird erreicht, dass die Lernenden Spaß haben und motiviert sind.

STADT–LAND–MATHE

Ziel: Kopfrechnen üben
Klassenstufe: 5–13
Dauer: ab 5 Min.
Sozialform: Gruppenarbeit oder Plenum
Material: Kopiervorlage „Stadt – Land – Mathe"

Beschreibung

Kopieren Sie die Vorlage „Stadt – Land – Mathe" (S. 92) in ausreichender Anzahl und verteilen Sie sie an alle. Geben Sie eine Zahl vor, mit der die Aufgaben auf der Vorlage gerechnet werden müssen. Wer als Erstes alle Aufgaben berechnet hat, ruft „Stopp!", woraufhin niemand mehr weiterrechnen darf. Im Anschluss wird gemeinsam kontrolliert und für jede richtig gelöste Aufgabe gibt es für jede*n Spieler*in einen Punkt. Die Zahl für die nächste Runde bestimmt der*die Spieler*in, der*die die Runde zuvor zuerst beenden konnte, oder die Person, die die meisten Punkte geholt hat (das können aber erfahrungsgemäß mehrere sein). Das Spiel kann beliebig viele Runden haben und entsprechend kurz oder lang gespielt werden.

Zielsetzung

Ziel des Spiels ist das schnelle Kopfrechnen und damit das Üben von Basiswissen.

Hinweis

Es ist auch möglich, ohne die Kopiervorlage zu arbeiten und die Lernenden stattdessen eine Tabelle mit von Ihnen vorgegebenen Aufgaben zeichnen zu lassen. Die Erfahrung zeigt jedoch, dass dies vor allem bei jüngeren Klassenstufen viel Zeit in Anspruch nehmen kann.

Aufgaben würfeln

Ziel: Kopfrechnen üben
Klassenstufe: 5–7
Dauer: ab 5 Min.
Sozialform: Partnerarbeit
Material: 2 Würfel je 2er-Team (Anzahl der Würfelseiten je nach Schwierigkeitsgrad), ggf. ein Würfel mit Rechenoperationen je 2er-Team

Beschreibung

Teilen Sie die Schüler*innen in 2er-Teams ein. Jedes Team bekommt zwei Würfel. Je nach Schwierigkeitsgrad können auch Würfel mit mehr als sechs Seiten genutzt werden. Abhängig davon, ob Ihnen ausreichend Würfel mit Rechenoperationen zur Verfügung stehen, wählen Sie eine von zwei Varianten:

1. Geben Sie vor, welche Rechenoperationen in welcher Reihenfolge ausgeübt werden sollen.
2. Geben Sie den Schüler*innen einen dritten Würfel, auf dem unterschiedliche Rechenoperationen stehen.

Nun würfeln die 2er-Teams zunächst mit den Würfeln eine Aufgabe, die sie im Anschluss gemeinsam berechnen.

Zielsetzung

Durch das Würfeln der Aufgaben haben die Schüler*innen das Gefühl, selbstbestimmt ihre Übungsaufgaben zu erstellen. Das eigenständige Erstellen der Aufgaben motiviert dabei vor allem Schüler*innen, die von der Lehrperson gestellte Aufgaben boykottieren oder nur widerwillig bearbeiten.

MALEN NACH ZAHLEN (MIT RECHNUNGEN)

Ziel: Kopfrechnen üben
Klassenstufe: 5
Dauer: ca. 15 Min.
Sozialform: Einzelarbeit
Material: Kopiervorlage „Malen nach Zahlen", bunte Stifte für alle

Beschreibung

Kopieren Sie die Vorlage „Malen nach Zahlen (1/2)" (S. 93) einmal. Befüllen Sie die Felder mit passenden Aufgaben und die Farbfelder mit den korrekten Lösungsintervallen. Kopieren Sie die befüllte Vorlage anschließend in ausreichender Anzahl und verteilen Sie sie an alle. Versichern Sie sich, dass die Klasse über ausreichend Farbstifte verfügt. Die Schüler*innen müssen zunächst die einzelnen Aufgaben in den Feldern lösen und im Anschluss das jeweilige Feld entsprechend den Vorgaben der Lösungsintervalle anmalen. Sobald die Lernenden die gesamte Vorlage bearbeitet haben, können sie ihre Aufgaben durch Vergleichen mit der Kopiervorlage „Malen nach Zahlen (2/2)" (S. 94) korrigieren. Alternativ können Sie auch eine von Ihnen zuvor fertig ausgemalte Vorlage zum Abgleichen zur Verfügung stellen.

Zielsetzung

Durch das Anmalen der Teilstücke des Bildes wird die kreative Seite der Lernenden aktiviert, sodass bei dieser Aufgabe beide Gehirnhälften aktiv sind, was sich positiv auf den Lernzuwachs auswirken kann.

WER BIN ICH?

Ziel:	das mathematische Argumentieren üben
Klassenstufe:	5–13
Dauer:	ab 10 Min.
Sozialform:	Partnerarbeit
Material:	–

Beschreibung

Teilen Sie die Klasse in 2er-Teams ein. Zu Beginn des Spiels entscheidet jedes Team, wer in der ersten Runde rät und wer darstellt. Die darstellende Person überlegt sich einen mathematischen Gegenstand (beispielsweise eine Figur, einen Körper oder eine Funktionsklasse) und schreibt ihn (verdeckt) auf einen Zettel. Dann kann das Spiel starten. Die ratende Person muss nun anhand von Fragen herausfinden, was auf den Zettel geschrieben wurde. Dabei können (je nach Thema) Fragen helfen, wie z. B. „Wie viele Ecken hast du?" oder „Bist du monoton fallend?".

Zielsetzung

Durch gezieltes Fragen schulen die Lernenden mathematisches Argumentieren sowie den Umgang mit Fachwörtern.

Hinweis

Es kann je nach Leistungsstärke der Klasse hilfreich sein, zuvor das Stellen von mathematischen Fragen gemeinsam zu üben.
Außerdem wäre es möglich, eine Zeitvorgabe zu stellen.

1, 2, PIEP

Ziel: das Einmaleins üben
Klassenstufe: 5–7
Dauer: ab 5 Min.
Sozialform: Plenum
Material: –

Beschreibung

Bilden Sie mit Ihren Schüler*innen einen Sitzkreis, fordern Sie aber alle auf, zunächst stehen zu bleiben. So haben Sie einen besseren Überblick über die Teilnehmenden. Wählen Sie eine Reihe aus dem Einmaleins aus, die geübt werden soll. Bestimmen Sie eine Person, die beginnt und laut „Eins" sagt. Dann ist die Person daneben dran und immer so weiter. Dabei dürfen die Zahlen der zuvor ausgewählten Reihe sowie die Ziffer an sich nicht genannt werden. Stattdessen muss die betreffende Person „piep" sagen. Falls eine Person einen Fehler gemacht hat, scheidet sie aus dem Spiel aus und muss sich hinsetzen.
Ein Beispiel: Es wird die 3er-Reihe ausgewählt. Dann dürfen beim Zählen die Zahlen der 3er-Reihe nicht genannt werden, auch nicht 13, 23 etc.

Zielsetzung

Durch das Spiel wird das Einmaleins auf eine lustige Art und Weise geübt und gefestigt. Aufgrund der Tatsache, dass man auch die entsprechende Ziffer nicht nennen darf, bereitet das Spiel noch mehr Spaß und die Schüler*innen sind noch mehr gefordert als nur bei der Wiederholung der Reihe.

Hinweis

Die Erfahrung hat gezeigt, dass es den Lernenden noch mehr Spaß macht, wenn man als Lehrperson mitspielt. Dann merkt man auch schnell, dass es gar nicht immer so einfach ist, selbst wenn man das Einmaleins gut kann.

Smiley: © tournee – stock.adobe.com

(FACHBEZOGENES) WÖRTERRATEN

Ziel: mathematische Fachbegriffe üben
Klassenstufe: 5–13
Dauer: ca. 10 Min.
Sozialform: Plenum
Material: –

Beschreibung

Wählen Sie eine Person aus, die sich einen mathematischen Fachbegriff ausdenken soll. Für jeden Buchstaben des Fachbegriffs zeichnet die Person einen horizontalen Strich an die Tafel. Im Anschluss müssen die anderen Lernenden Buchstaben nennen, von denen sie denken, dass sie Teil des Wortes sind. Für jeden falschen Buchstaben wird der Teil einer Blume gezeichnet. Wenn die Blume fertig gezeichnet ist und das Wort nicht erraten wurde, hat die Person gewonnen, die sich den Begriff ausgedacht hat. Wird der Begriff vorher erraten, hat die Klasse gewonnen. Wenn eine Person glaubt, die Lösung zu kennen, darf sie das Lösungswort laut sagen und muss es in eigenen Worten erklären. Sind Begriff und Erklärung korrekt, darf diese Person sich den nächsten Begriff ausdenken und an die Tafel kommen.

Zielsetzung

Durch das gemeinsame Erraten der Fachbegriffe wird zum einen das Klassengefüge gestärkt und zum anderen werden Fachbegriffe wiederholt.

Hinweis

Wenn sich ein*e Schüler*in einen Fachbegriff überlegt, muss sichergestellt werden, dass es keinen Rechtschreibfehler gibt, da es sonst unmöglich ist, den Begriff zu erraten.
Das Spiel ist auch bekannt als „Galgenmännchen". Ich rate allerdings vom Zeichnen von Galgenmännchen ab, da es bei traumatisierten Schüler*innen zu negativen Erinnerungen führen kann.

(FACHBEZOGENES) WÖRTERRATEN FÜR FORTGESCHRITTENE

Ziel: mathematische Fachbegriffe üben
Klassenstufe: 10–13
Dauer: ca. 10 Min.
Sozialform: Plenum
Material: –

Beschreibung

Diese Übung ist eine Abwandlung des fachbezogenen Wörterratens und richtet sich eher an ältere Schüler*innen. Wählen Sie einen mathematischen Fachbegriff aus und schreiben Sie die Buchstaben untereinander an die Tafel. Nun sollen die Lernenden für jeden einzelnen Buchstaben einen weiteren Begriff aus dem Bereich der Mathematik finden. Das kann bei manchen Buchstaben mitunter ganz schön schwierig werden – hier ist die Kreativität der Lerngruppe gefragt! Seien Sie großzügig und lassen Sie auch Begriffe zu, die auf den ersten Blick nicht passend sind, wenn die Lernenden kreative Erklärungen für die Verwendung haben.

Zielsetzung

Bei dieser Übung steht die Zusammenarbeit der ganzen Lerngruppe im Vordergrund. Gemeinsam werden Fachbegriffe wiederholt und deren Verwendung gefestigt.

Hinweis

Um die Schwierigkeit noch weiter zu steigern, können Sie die Vorgabe geben, dass jeder neue Begriff von den Lernenden erklärt werden muss.

SUDOKU

Ziel: knobeln und Freude an der Mathematik wiederfinden
Klassenstufe: 5–13
Dauer: ab 10 Min.
Sozialform: Einzelarbeit
Material: Kopiervorlage „Sudoku"

Beschreibung

Bei einem Sudoku handelt es sich um ein aus 9 x 9 Feldern bestehendes Rätsel. Einige dieser Felder sind mit den Ziffern 1–9 befüllt. Ziel ist es, die leeren Felder ebenfalls mit den Ziffern 1–9 zu füllen, sodass sie in jeder Reihe, Spalte und in jeder vordefinierten 3x3-Box genau einmal vorkommen. Wählen Sie aus der Vorlage Sudoku (S. 95) den passenden Schwierigkeitsgrad aus, kopieren Sie die Vorlage in ausreichender Anzahl und verteilen Sie sie an alle. Wer schafft es, sein Sudoku als Erster zu lösen?

Zielsetzung

Die Schüler*innen können an einem Sudoku eigenständig knobeln. So wird unter anderem die Freude an der Mathematik und der Beschäftigung mit Zahlen gefördert.

Sudoku: © Stefan Thiermayer – stock.adobe.com

KAHOOT!

Ziel:	Wiederholen von mathematischen Inhalten
Klassenstufe:	5–13
Dauer:	ab 15 Min.
Sozialform:	Plenum
Material:	je Schüler*in ein schuleigenes Endgerät mit Internetverbindung

Beschreibung

Kahoot! ist ein digitales Tool, mit dem man Online-Quiz erstellen kann. Bei der Erstellung der Quiz-Fragen sind kaum Grenzen gesetzt, sie eignen sich für viele Themen. Neben den klassischen Quiz-Fragen mit bis zu vier vorgegebenen Antwortmöglichkeiten oder auch Wahr-Falsch-Aussagen können einzelne Formeln oder Bilder eingefügt werden, sodass neben Rechenaufgaben auch gut tiefer gehende mathematische Fragen, z. B. auch zur Vorbereitung auf Prüfungen, geübt werden können. Dabei können die Lernenden sowohl im Einzelspielermodus als auch in Gruppen gegeneinander spielen. Für jede richtige Antwort werden (auch in Abhängigkeit der Schnelligkeit) Punkte vergeben und am Ende des Quiz werden die ersten drei Plätze präsentiert.

Zielsetzung

Durch den Wettbewerbscharakter haben die Schüler*innen eine sehr hohe Motivation, mitzuarbeiten.

Hinweis

Für das Erstellen eines Kahoot!-Quiz ist vorab eine Anmeldung seitens der Lehrperson notwendig.
Je nach Fragetypus können sich die inhaltlichen Ziele unterscheiden.
Sollten Ihnen nicht ausreichend Endgeräte zur Verfügung stehen, kann man die Aufgaben auch im Gruppenmodus bearbeiten lassen und so die Anzahl benötigter Geräte reduzieren.

BÜCHER ZU!

Ziel: Wiederholung der Themen der Stunde
Klassenstufe: 5–13
Dauer: 2 Min.
Sozialform: Plenum
Material: –

Beschreibung

Am Ende der Stunde ist noch etwas Zeit übrig? Kein Problem. Weisen Sie die Schüler*innen an, die Bücher (und Hefte) zuzuklappen. Wählen Sie einzelne Lernende aus, die in eigenen Worten zusammenfassen, was sie in der heutigen Stunde gelernt haben. Diese Information sollen sie ohne großes Nachdenken geben, denn nur so wird das gesagt, was die Lernenden wirklich im Kopf behalten haben. Sie können aus dieser Idee auch ein Ritual machen: Beenden Sie die Stunde mit den Worten „Heute habe ich gelernt …". Wählen Sie dann eine Person aus, die den Satz um ein Wort ergänzt, die danebensitzende Person ergänzt das nächste Wort und so weiter, bis (mindestens) ein ganzer Satz entstanden ist. Hilfestellungen untereinander sind dabei erlaubt.

Zielsetzung

Die Übung zielt auf das Wiederholen der Themen der Stunde ab. Durch die Spontanität, die diese Übung ausmacht, werden ganz unterschiedliche Inhalte genannt, die teilweise auch nichts oder nur wenig mit den geplanten Stundenzielen zu tun haben. Dieses Wissen kann man dann wiederum zur Reflexion der eigenen Stunde und für die Planung der nächsten Stunden nutzen.

Buch: © vvoe – stock.adobe.com

DAS WEGE-KONZEPT[3]

Ziel:	Sprachförderung im Mathematikunterricht
Klassenstufe:	5–13
Dauer:	–
Sozialform:	–
Material:	Beispiel für Aufgaben des WEGE-Konzepts für die Bruchrechnung

Beschreibung

Das WEGE-Konzept umfasst die folgenden vier wichtigen Elemente der Sprachförderung im Mathematikunterricht:

1. Wortspeicher
2. Einschleifübungen
3. ganzheitliche Übungen
4. Eigenproduktionen

Beim **Wortspeicher** werden Fachbegriffe und benötigte Satzbausteine gemeinsam erarbeitet und visualisiert. Die **Einschleifübungen** dienen zur direkten Verankerung von neu erworbenen sprachlichen Zusammenhängen. Wichtig bei Einschleifübungen ist, dass immer gleichbleibende Satzmuster genutzt werden.
Ganzheitliche Übungen hingegen nutzen unterschiedliche Satzmuster und bieten so die Möglichkeit der Aktivierung und flexiblen Anwendung einer Vielzahl von erworbenen Fachbegriffen. So kann der inhaltliche Kontext verändert werden, ohne dass sich der sprachliche Rahmen sehr verändert.
Eigenproduktionen bilden den Abschluss des WEGE-Konzepts. Neben der inhaltlichen Erweiterung wie bei den ganzheitlichen Übungen kommt nun die sprachliche Öffnung hinzu. Die Lernenden werden angeregt, eigene sprachliche Sätze mit dem neu erworbenen Wortschatz zu formulieren.

Zielsetzung

Durch die Einbettung des WEGE-Konzepts in den alltäglichen Mathematikunterricht wird die Ausbildung von Fach- und Bildungssprache gefördert. Es ist dabei nicht zwingend notwendig, immer alle Elemente des WEGE-Konzepts durchzuführen, auch einzelne Elemente können sprachförderlich sein.

---

[3] Nach Verboom (2013)

MATHEMATIK ÜBER DEN TELLERRAND HINAUS

Bei allem Üben und Wiederholen darf die Kreativität im Mathematikunterricht nicht zu kurz kommen. Um einen möglichst abwechslungsreichen Unterricht zu gestalten, müssen kreative Prozesse zugelassen werden. Dafür ist es wichtig, dass die Eigenproduktion der Schüler*innen im Mittelpunkt steht und Möglichkeiten des freien Denkens und Arbeitens gegeben werden.

Außerdem kennen wir alle die Situation, dass ein*e Schüler*in keine Lust hat, am Mathematikunterricht teilzunehmen. In solchen Momenten ist vonseiten der Lehrperson Kreativität gefragt, um zu motivieren und die betreffende Person zur Teilnahme am Mathematikunterricht zu bewegen. Eine sinnvolle Möglichkeit ist es, die verschiedenen Sinne in den Lernprozess mit einzubeziehen oder Lernen mit Bewegungen zu verknüpfen. Einige der folgenden Beispiele eignen sich auch oft bei Schüler*innen, die einen höheren Bewegungsdrang haben.

BRIEF AN EINE*N MATHEMATIKER*IN

Ziel: Förderung von Kreativität, Klären von offenen Fragen
Klassenstufe: 5–13
Dauer: 15 Min.
Sozialform: Einzelarbeit
Material: –

Beschreibung

Diese Übung bietet sich an, wenn gerade ein*e bekannte*r Mathematiker*in im Unterricht behandelt wurde (z. B. Pythagoras nach der Behandlung des Satzes des Pythagoras). Die Lernenden sollen einen Brief an diese Person schreiben. Dabei sollen sie eigenständig Fragen und Gedanken zu dem behandelten Thema formulieren.

Mögliche Fragen, die Sie den Lernenden mit an die Hand geben können, wären folgende:

- Was haben Sie gerade in dem Moment gemacht, als Ihnen die Idee kam?
- Wo waren Sie, als Ihnen die Idee kam?
- Haben Sie allein gearbeitet oder hatten Sie Unterstützung?
- Was hat Ihnen bei Ihrer Entdeckung (am meisten) geholfen?
- Würden Sie beim nächsten Mal anders vorgehen?
  Wenn ja, wieso und inwiefern?

Zielsetzung

Durch die textliche Auseinandersetzung mit dem Stoff lässt sich überprüfen, ob die Lernenden das aktuelle Thema wirklich verstanden haben oder ob noch Lücken vorhanden sind.

Hinweis

Diese Übung eignet sich vor allem für besonders leistungsstarke Lernende.

Ich sehe Mathematik, wo du sie nicht siehst

Ziel: Bewusstmachen und Sichtbarmachen von Mathematik
Klassenstufe: 5–13
Dauer: ab 10 Min.
Sozialform: Plenum
Material: –

Ich sehe was,
was du nicht siehst,
und das ist ...

Beschreibung

Wählen Sie eine Person aus der Klasse aus. Diese sucht sich im Klassenraum (es sind auch andere Örtlichkeiten denkbar) einen Gegenstand, den sie mit Mathematik in Verbindung bringt, und beschreibt diesen Gegenstand mit einem Wort, z. B. „Rechteck". Der Rest der Klasse muss nun raten, um welchen Gegenstand und um welche Art der Mathematik es sich handelt (in diesem Beispiel könnte es sich um die Tafel, ein Fenster oder auch ein Schreibheft handeln, die Verbindung zur Mathematik wäre die geometrische Form).

Zielsetzung

Die Lernenden befassen sich bewusst mit Mathematik in ihrer Umwelt. Das gemeinsame Suchen von mathematischen Formen oder auch anderen Inhalten führt zu einer sensibleren Wahrnehmung der Mathematik in der Umwelt.

Sprechblase: © Digital Assets – Shutterstock.com

AUFGABEN AM FENSTER LÖSEN

Ziel:	Motivation zum eigenständigen Lösen von Mathematikaufgaben (auch für andere Fächer geeignet)
Klassenstufe:	5–13
Dauer:	bis zu 20 Min.
Sozialform:	Einzelarbeit, ggf. auch Partnerarbeit möglich
Material:	Whiteboard-Stifte, Sprühflasche mit Wasser, Lappen

Beschreibung

Während einer Stillarbeitsphase wählen Sie eine*n oder mehrere Schüler*innen aus, die die gestellten Aufgaben am Fenster lösen, anstatt im Heft. Die Lernenden benutzen dazu Whiteboard-Stifte. Fotografieren Sie im Anschluss die Aufgaben und Lösungswege ab und stellen Sie die Fotos den Schüler*innen zur Verfügung, damit diese sie ins Heft kleben oder in den Mathematikordner abheften können (oder lassen Sie die Schüler*innen die Fotos selbst machen).
Die Erfahrung hat gezeigt, dass es sinnvoll ist, nicht zu viele Schüler*innen gleichzeitig am Fenster arbeiten zu lassen. Vielmehr ist diese Methode geeignet, um als (kurzfristige) Differenzierungsmaßnahme eingesetzt zu werden. In der Regel reichen bereits 20 Minuten, um einerseits die Motivation bei einzelnen Lernenden zu erhöhen und andererseits einer größeren Anzahl an Lernenden dies zu ermöglichen.

Zielsetzung

Durch die andere Art und Weise des Bearbeitens von Aufgaben haben die Schüler*innen meist nicht den Eindruck, Aufgaben zu bearbeiten, die aus ihrer Sicht andernfalls vielleicht langweilig oder nervig sind.
Durch die Möglichkeit, sich flexibel in der Arbeitsphase zu bewegen (Stichwort: *flexible seating*), sind die Schüler*innen in der Lage, längere Zeit konzentriert zu arbeiten, da sie sich im Arbeitsprozess wohler fühlen.
Vor allem für Schüler*innen, denen es schwerfällt, längere Zeit still zu sitzen, ist diese Art und Weise des Lösens von Aufgaben eine gute Möglichkeit, motivierter zu arbeiten und dabei den eigenen Bedürfnissen gerecht zu werden.

HIMMEL UND HÖLLE

Ziel: Verknüpfung von Bewegung und Kopfrechnen
Klassenstufe: 5, 6
Dauer: ca. 10 Min.
Sozialform: Partnerarbeit
Material: Kreide, ein Würfel (mit mehr als 6 Zahlen)

Beschreibung

Bei diesem Beispiel wird ein den Schüler*innen bekanntes Spiel genutzt, um Mathematik zu betreiben. Als Vorbereitung zeichnen Sie auf dem Schulhof ein Himmel-und-Hölle-Feld mit Kreide. Schreiben Sie in die Felder nun unterschiedliche Rechnungen (z. B. +5 oder · 10). Achten Sie dabei darauf, dass alle Rechnungen möglich sind und nicht beispielsweise den Lernenden unbekannte Zahlen als Ergebnis herauskommen können. Wählen Sie zwei Schüler*innen aus, die den Klassenraum verlassen und draußen im Hof das Spiel durchführen dürfen. Geben Sie ihnen einen Würfel mit und vereinbaren Sie eine Zeit, zu der die beiden wieder im Klassenraum zurück sein müssen. Geben Sie den Spielenden folgende Anweisungen: Zu Beginn des Spiels würfelt die erste Person eine Zahl, mit der sie im Folgenden rechnet. Nun springt sie zum jeweils nächsten Feld und rechnet die Aufgabe laut vor. Die zweite Person überprüft dabei die Ergebnisse. Sobald alle Felder erfolgreich „abgehüpft" und berechnet wurden, ist die zweite Person dran.

Zielsetzung

Ziel der Übung ist die Verknüpfung von mathematischem Handeln und Bewegung. So sollen die unterschiedlichen Hirnareale der Lernenden aktiviert werden, was ein langfristiges Lernen unterstützt. Gerade Lernenden, denen es schwerfällt, ruhig zu sitzen, hilft diese Übung sehr, das Kopfrechnen zu üben, weil sie sich durch die Bewegungen mehr auf das Rechnen an sich konzentrieren können.

LEBENDIGE ZEIGER

Ziel:	Verknüpfung von Bewegung und Mathematik, Kopfrechnen üben
Klassenstufe:	5, 6
Dauer:	10 Min.
Sozialform:	Partnerarbeit
Material:	–

Beschreibung

Wählen Sie zu Beginn einer Stillarbeitsphase zwei Personen aus, die an der Tafel arbeiten dürfen. Eine Person fängt an und schreibt Zahlen an die Tafel (je nach aktuellem Thema geben Sie den Rahmen vor: ganze Zahlen im Zahlenraum bis 100, negative Zahlen, Brüche etc.). Dabei sollen die Zahlen in zwei Spalten untereinandergeschrieben werden, zwischen den Spalten soll Platz gelassen werden. Eine Person sagt nun die Lösung einer Rechenaufgabe, die mit zwei der vorgegebenen Zahlen gerechnet werden kann. Die andere Person muss sich nun zwischen die Zahlen stellen und mit den Händen wie die Zeiger einer Uhr auf die Zahlen zeigen, die für die Aufgabe verwendet worden sind. Nach ein paar Runden werden die Plätze getauscht und neue Zahlen aufgeschrieben.

Zielsetzung

Zum einen wird das Kopfrechnen geübt, zum anderen wird das Lernen mit Bewegung verknüpft, wodurch es oftmals zu einer höheren Lernbereitschaft und langfristigem Wissenserwerb kommt.

RECHNEN MIT KASTANIEN

Ziel:	Kopfrechnen üben, eigenständig Aufgaben zusammenstellen
Klassenstufe:	5
Dauer:	ab 10 Min.
Sozialform:	Einzelarbeit
Material:	Kastanien, Kasten

Beschreibung

Sammeln Sie Kastanien in ausreichender Menge und beschriften Sie sie mit einem wasserfesten Stift mit unterschiedlichen Zahlen. Während einer Stillarbeitsphase wählen Sie eine*n geeignete*n Schüler*in aus, der*die sich eine von Ihnen festgelegte Anzahl von Kastanien zieht und aus diesen eigene Aufgaben bildet, die im Anschluss gelöst werden müssen. Dabei sind der Fantasie keine Grenzen gesetzt, die einzige Bedingung ist, dass alle gezogenen Kastanien verwendet werden müssen.

Zielsetzung

Durch die Haptik der Kastanien ist diese Übung vor allem für unruhigere Schüler*innen geeignet. Sie haben so die Möglichkeit, Dinge anzufassen, was die Mathematik greifbar macht.

Hinweis

Vor dem Beginn muss gewährleistet sein, dass die Schüler*innen in der Lage sind, mit dem Material verantwortungsvoll umzugehen, d. h., sie dürfen die Kastanien beispielsweise nicht durch die Klasse werfen. Unter Umständen müssen solche Regeln zuvor kommuniziert werden.
Sie können die Kastanien auch mit den Lernenden gemeinsam sammeln, zählen und beschriften. Dies führt zu einem bewussteren Umgang mit dem Material.

Konkrete Ideen zur Bruchrechnung

Die Bruchrechnung stellt meist ein für die Lernenden schwieriges und kompliziertes Thema dar. Um es zu entlasten, ist es sinnvoll, handlungsorientierte Elemente in den Unterricht mit einzubauen. Die hier dargestellten Beispiele sind zur Einführung von Brüchen geeignet, lassen sich aber auch zur Wiederholung verwenden. Die Übungen entsprechen dabei in der hier dargestellten Reihenfolge den Kernprozessen des Mathematikunterrichts. Sie sind also genau so durchführbar. Zwischen den einzelnen Beispielen sollten gemeinsame Plenumsphasen zur Sicherung eingebaut werden. Je nach Lerngruppe kann es notwendig sein, weitere Übungs- und Vertiefungsaufgaben zu ergänzen.

Die Übungen sind dabei den Kernprozessen des Mathematikunterrichts wie folgt zuzuordnen:

Kernprozess des Erkundens:

- Kuchen aufteilen
- Brüche falten und schneiden
- $\frac{1}{4096}$ Stück Apfel essen
- Brüche ertasten

Kernprozess des Ordnens:

- Steckbrief zu Brüchen
- Checkliste erstellen

Kernprozess des Vertiefens:

- Domino
- Wahr oder falsch?

KUCHEN AUFTEILEN

Ziel: Notwendigkeit für Brüche erkennen
Klassenstufe: 5–7
Dauer: 20 Min.
Sozialform: Einzelarbeit, Plenum
Material: –

Beschreibung

Zeigen Sie den Lernenden das Bild unten zum Einstieg in diese Übung oder bringen Sie zur Veranschaulichung unterschiedliche Backformen mit in den Unterricht. Lassen Sie die Lernenden zunächst allein überlegen, welche Kuchenform sie auswählen würden und wie eine gerechte Aufteilung bei jener Form aussieht. Im Plenum wird anschließend gemeinsam diskutiert, welche Form am meisten für eine gerechte Aufteilung des Kuchens geeignet ist. Dabei kann überfachlich auf das Thema „Gerechtigkeit" eingegangen werden.

Zielsetzung

Beinah jedes Kind hat schon einmal einen Kuchen gebacken und musste ihn anschließend aufteilen. Durch dieses lebensnahe Beispiel können die Lernenden ihre Vorerfahrungen einbringen, wodurch eine hohe Aktivität und Teilnahme am Unterrichtsgespräch erwartet werden kann. Vor allem durch das Thema „Gerechtigkeit" kann es zu einer guten Diskussion kommen, da unterschiedliche Interpretationen von Gerechtigkeit bestehen können. Bei besonders aktiven Klassen kann es ggf. notwendig sein, zuvor Gesprächsregeln für die Diskussion zu erarbeiten bzw. an diese zu erinnern.

Backformen: © UMA – stock.adobe.com

Brüche falten und schneiden

Ziel: erste Brüche handlungsorientiert herstellen
Klassenstufe: 5–7
Dauer: ab 10 Min.
Sozialform: Einzelarbeit
Material: Moderationskarten in unterschiedlichen Formen (Kreis, Quadrat, Rechteck), mindestens 3 pro Schüler*in

Beschreibung

Verteilen Sie die Moderationskarten. Diese sollen die Lernenden nun durch Falten halbieren, dritteln oder vierteln. Welche Karte sie in wie viele Teile falten, ist dabei den Lernenden selbst überlassen, wichtig ist aber, dass alle Anweisungen ausgeführt werden (und nicht alle Karten nur einmal gefaltet werden).
Besprechen Sie mit den Lernenden, wie unterschiedlich $\frac{1}{2}$, $\frac{1}{4}$ und $\frac{1}{3}$ aussehen können.
Die Schüler*innen können die Ergebnisse in ihre Hefte einkleben oder so abheften, dass sie die Visualisierung der Brüche bei Bedarf immer wieder griffbereit haben.

Zielsetzung

Den Lernenden stellen erste Brüche, wie beispielsweise $\frac{1}{2}$ oder $\frac{1}{3}$, mithilfe von Papier her. Durch den handlungsorientierten Zugang wird den Lernenden ermöglicht, die Mathematik eigenständig zu erfahren, sie wird im wahrsten Sinne des Wortes „greifbar" gemacht, was oftmals eine höhere Merkfähigkeit zur Folge hat.

Foto: © leolintang – Shutterstock.com

$\frac{1}{4096}$ Stück Apfel essen

Ziel: besonders kleine Brüche kennenlernen
Klassenstufe: 5–7
Dauer: 15 Min.
Sozialform: Einzelarbeit
Material: Äpfel, Schneideunterlage und Messer für alle

Beschreibung

Verteilen Sie an die Lernenden jeweils einen Apfel, ein Messer und eine Schneideunterlage. Geben Sie ihnen die Aufgabe, den Apfel so zu teilen, dass zwei etwa gleich große Hälften entstehen. Im Anschluss sollen die Hälften wieder halbiert werden. In Bezug auf den ganzen Apfel sind nun vier Viertel entstanden. Auch diese sollen wieder halbiert werden, sodass Achtel entstehen. Dieses Prozedere wird so lange durchgeführt, bis die Lernenden $\frac{1}{4096}$ Apfel hergestellt haben.

Zielsetzung

Die Lernenden bekommen ein Gefühl, wie wichtig die Bezugsgröße von Brüchen ist, denn obwohl jedes Mal die Apfelteile nur halbiert werden, entsteht – auf den ganzen Apfel bezogen – am Ende $\frac{1}{4096}$ Apfel.

Hinweis

Beginnen Sie die Übung damit, die Lernenden zu fragen, was sie glauben, wie oft man einen Apfel in gleich große Stücke teilen kann. Die Einschätzung kann danach mit dem Ergebnis verglichen werden.
Der Umgang mit (scharfen) Messern sollte den Lernenden bekannt sein. Ggf. ist es sinnvoll, etwas anderes (Größeres) zu nehmen, wie beispielsweise ein Baguette oder eine Gurke, um Verletzungen zu vermeiden.

BRÜCHE ERTASTEN

Ziel:	haptische Wahrnehmung von Brüchen
Klassenstufe:	5–7
Dauer:	5–10 Min.
Sozialform:	Partnerarbeit
Material:	Bruchteile aus Schaumstoff oder Plastik

Beschreibung

Für diese Übungen müssen Sie geeignetes Material mitbringen, Bruchteile, die sich ertasten lassen (z. B. einen Viertelkreis). Teilen Sie die Lernenden in 2er-Teams ein. Jeweils eine Person eines jeden Teams schließt die Augen und bekommt einen Bruchteil (am besten aus Plastik oder aus Schaumstoff) in die Hand gelegt. Sie sollen nun ertasten, um welchen Bruchteil es sich handelt.

Zielsetzung

Durch das Ertasten der Bruchteile sollen die Lernenden ein Gefühl für die Größe von einzelnen Bruchteilen bekommen.

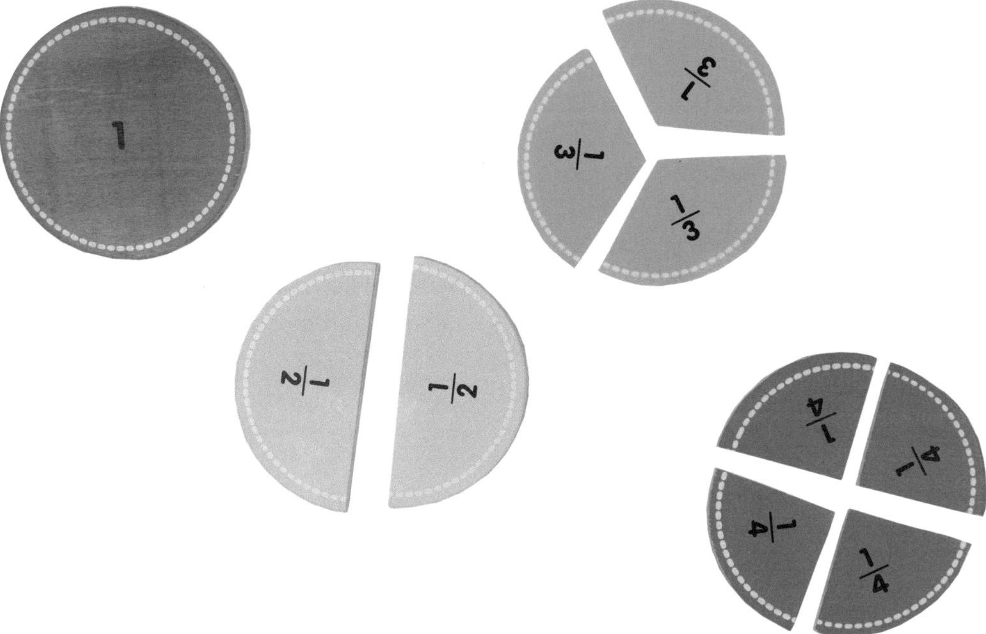

Brüche: © Chekyravaa – Shutterstock.com

STECKBRIEFE ZU BRÜCHEN

Ziel:	Sicherung von einzelnen Brüchen
Klassenstufe:	5–7
Dauer:	20 Min.
Sozialform:	Einzelarbeit
Material:	–

Beschreibung

Stellen Sie den Lernenden die Aufgabe, einen Steckbrief zu einzelnen Brüchen zu erstellen. Folgende Punkte sollen sie dabei bearbeiten:

- Name des Bruchs (als Ziffernschreibweise und ausgeschrieben)
- Bilder, wie der Bruch aussieht (bei einem Kreis, einem Quadrat und einem Rechteck)
- Alltagsbeispiele für diesen Bruch (z. B. $\frac{1}{2}$ Pizza)

Die einzelnen Steckbriefe können im Klassenraum ausgestellt werden. So haben die Lernenden auch später die Möglichkeit, die Informationen zu den einzelnen Bruchteilen nachzuvollziehen.

Zielsetzung

Die Lernenden setzen sich vertieft mit den einzelnen Bruchteilen und deren Darstellungsmöglichkeiten auseinander.

Hinweis

Die Steckbriefe sind durch die Themen „Dezimalzahlen" und „Prozente" erweiterbar, sodass die Darstellungsübergänge verdeutlicht werden können. Dafür ist es wichtig, dass die Steckbriefe entsprechend aufbewahrt werden.

CHECKLISTEN ERSTELLEN

Ziel: Inhalte eigenständig zusammenfassen, Übungsmaterialien zum eigenständigen Lernen suchen
Klassenstufe: 5–13
Dauer: ab 15 Min.
Sozialform: Einzel- oder Partnerarbeit
Material: Kopiervorlage „Checkliste"

Beschreibung

Kopieren Sie die Vorlage „Checkliste" (S. 97) für alle und verteilen Sie sie am Ende einer Unterrichtseinheit. Die Schüler*innen füllen die Liste eigenständig aus. Dafür tragen sie zunächst die wichtigsten Inhalte zusammen und suchen sich weitere Übungsaufgaben heraus. Als Material können sie das Lehrwerk sowie Unterrichtsaufzeichnungen nutzen. Geben Sie einen Zeitrahmen zum Befüllen vor, gehen Sie während der Arbeitszeit durch die Reihen und unterstützt Sie die Lernenden. In manchen Situationen kann es sinnvoll sein, die Schüler*innen hierbei zu zweit arbeiten zu lassen. So können sie gemeinsam abgleichen, welche Inhalte wo zu finden sind. Bei größeren Themenkomplexen ist ein Aufteilen der Inhalte sinnvoll.

Zielsetzung

Das eigenständige Erstellen von Checklisten hat den Vorteil, dass die Lernenden den gesamten Unterrichtsstoff noch einmal durcharbeiten müssen, um die wichtigsten Inhalte und Übungsaufgaben zusammenzutragen. Es ermöglicht so einen umfassenden Rückblick auf die gelernten Inhalte und deren Priorisierung.

DOMINO

Ziel: spielerisches Üben von Basisfertigkeiten
Klassenstufe: 5–13
Dauer: 20 Min.
Sozialform: Partnerarbeit
Material: Kopiervorlage „Domino"

Beschreibung

Kopieren Sie die Vorlage „Domino" (S. 98) so oft, dass immer zwei Spieler*innen eine Kopiervorlage zur Verfügung haben. Kopieren Sie alternativ die Blanko-Vorlage, befüllen Sie sie mit passenden Aufgaben (achten Sie darauf, dass auf der linken Seite des Spielsteins immer eine Lösung, auf der rechten immer eine Aufgabe stehen muss und dass die Aufgabe auf dem letzten Stein zu der Lösung auf dem ersten Stein passt) und kopieren Sie sie anschließend in ausreichender Anzahl. Zerschneiden Sie die Vorlagen im Vorfeld selbst oder lassen Sie dies die Schüler*innen im Klassenraum erledigen (sollten im Klassenraum ausreichend Scheren zur Verfügung stehen).
Jedes Teammitglied erhält die gleiche Anzahl Spielsteine (z. B. sieben), die restlichen Steine kommen als Nachziehstapel verdeckt zur Seite. Ein Teammitglied beginnt und legt einen ersten Stein. Wenn das andere Teammitglied einen passenden Stein hat, darf es diesen anlegen, ansonsten muss es einen verdeckten Stein vom Nachziehstapel ziehen.
Es hat die Person gewonnen, die zuerst alle Steine angelegt hat.

Zielsetzung

Ziel des Dominospiels ist es, eine durchgehende Kette mit allen Dominosteinen zu legen, bei der die zusammengehörenden Aufgaben und Lösungen immer nebeneinander liegen. Auf spielerische Art und Weise werden so Grundfertigkeiten, wie beispielsweise die Grundrechenarten, wiederholt und gefestigt.

Hinweis

Erstellen Sie je nach aktuellem Thema eigene Domino-Spiele. Im Rahmen eines binnendifferenzierten Mathematikunterrichts kann ein solches Domino auch von den Schüler*innen selbst erstellt und dann den anderen zur Verfügung gestellt werden, z. B. als Hausaufgabe.
Das Dominospiel kann auch allein gespielt werden. Dann lautet die Zielsetzung, eine lange, durchgehende Schlange mit allen Steinen zu bilden.

WAHR ODER FALSCH?

Ziel:	mathematische Aussagen überprüfen, das mathematische Sprachvermögen sensibilisieren
Klassenstufe:	5–13
Dauer:	ca. 10–15 Min.
Sozialform:	Partnerarbeit
Material:	–

Beschreibung

Teilen Sie die Klasse in 2er-Teams ein. Die Teammitglieder denken sich abwechselnd mathematische Aussagen aus, wobei diese entweder eindeutig wahr oder eindeutig falsch sein müssen. Das können entweder Rechnungen sein, wie „8 – 5 · 3 = 9" (eindeutig falsch), oder auch Aussagen, wie „Nimmt man eine Zahl mit null mal ist das Ergebnis immer null" (eindeutig wahr). Die andere Person muss dann jeweils entscheiden, ob es sich um eine wahre oder eine falsche Aussage handelt. Falls die Aussage als falsch identifiziert wird, muss sie zudem noch richtiggestellt werden und erklärt werden, was falsch war („Du hast die Punkt-vor-Strich-Regel nicht beachtet. 8 – 5 · 3 = -7").

Zielsetzung

Die Schüler*innen sollen mithilfe des Spiels üben, Fehler zu finden und diese dann eigenständig zu korrigieren. Bei der Formulierung von Aussagen schulen sie außerdem ihr mathematisches Sprachvermögen und den Einsatz von Fachbegriffen.

Hinweis

Wenn diese Übung noch neu für die Klasse ist, kann man auch falsche und wahre Aussagen im Plenum besprechen und Hilfestellungen zum Finden und Lösen von Fehlern geben.

Mögliche mathematische Aussagen für die Bruchrechnung:
- Brüche haben immer einen Zähler und einen Nenner. (wahr)
- Der Zähler steht immer oben. (wahr)
- Jeder Bruch hat nur einen Vorgänger und einen Nachfolger. (falsch)
- Es gibt Brüche, die den gleichen Wert, aber nicht den gleichen Namen haben. (wahr)

KOPIERVORLAGEN

KV 1

ZAHL DES TAGES

Unsere Zahl des Tages heißt:

....

Stellenwerttafel

T	H	Z	E	z	h	t

Bild

○ Einer

— Zehner

□ Hunderter

Tausender

Der **Vorgänger** heißt ....

Der **Nachfolger** heißt ....

Es gibt keinen direkten Vorgänger und Nachfolger □.

Aufgaben mit dem Ergebnis

© Verlag an der Ruhr | Autorin: Dr. Pauline Linke | www.verlagruhr.de

DATUM BESPRECHEN (1/2)

1	2	3	4
5	6	7	8
9	10	11	12
13	14	15	16
17	18	19	20
21	22	23	24
25	26	27	28
29	30	31	

© Verlag an der Ruhr | Autorin: Dr. Pauline Linke | www.verlagruhr.de

KV 2

DATUM BESPRECHEN (2/2)

Januar	Montag
Februar	Dienstag
März	Mittwoch
April	Donnerstag
Mai	Freitag
Juni	Samstag
Juli	Sonntag
August	
September	
Oktober	
November	
Dezember	

© Verlag an der Ruhr | Autorin: Dr. Pauline Linke | www.verlagruhr.de

SCHIFFE VERSENKEN

Mein Spielfeld

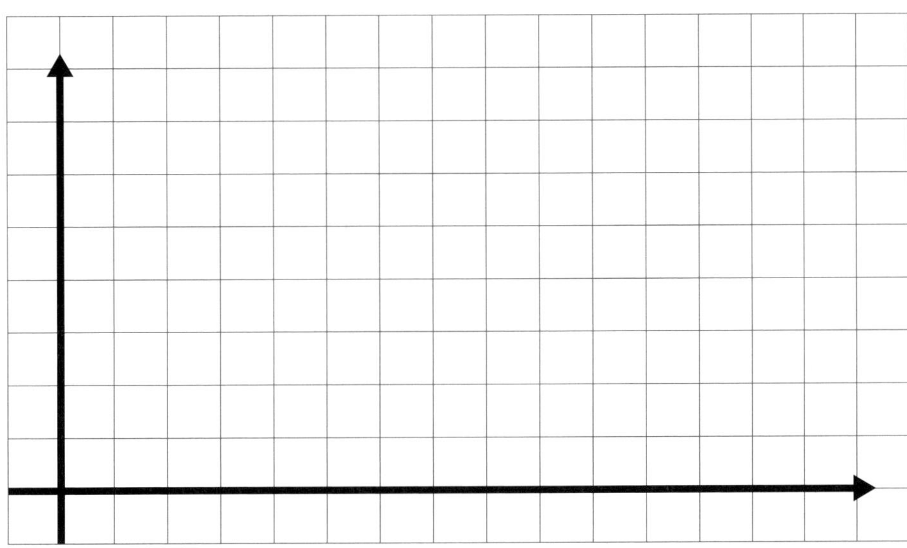

Gegnerisches Spielfeld

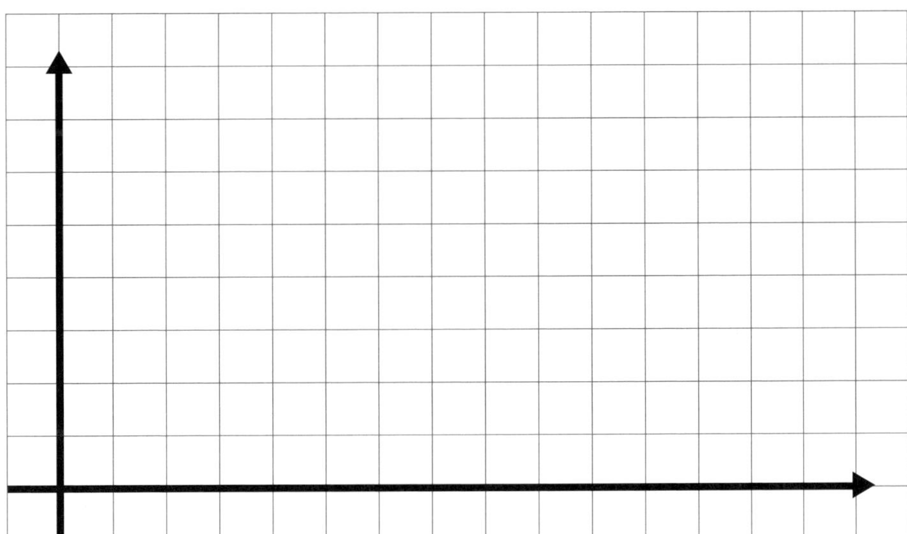

© Verlag an der Ruhr | Autorin: Dr. Pauline Linke | www.verlagruhr.de

KV 4

PAARE SUCHEN

$\frac{1}{3}$	$\frac{2}{6}$	$\frac{2}{8}$	$\frac{4}{8}$
$\frac{1}{12}$	$\frac{11}{12}$	1	$\frac{3}{4}$
$\frac{8}{12}$	$\frac{7}{8}$	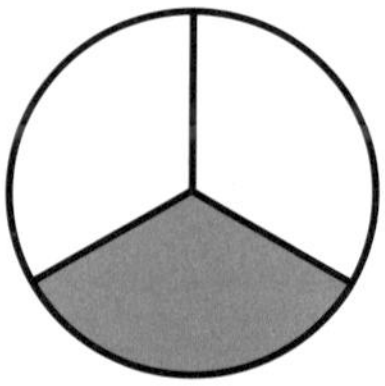	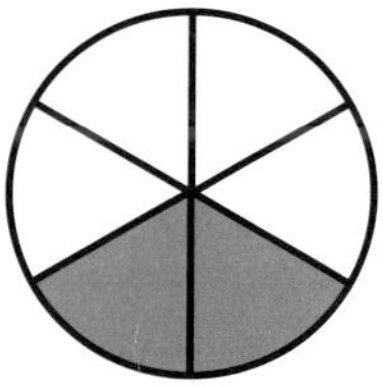
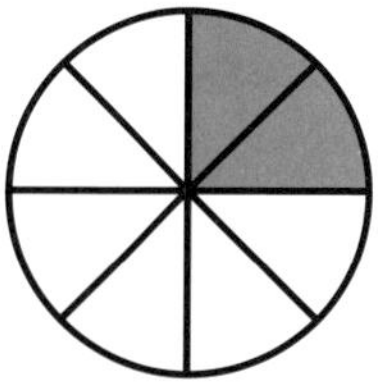	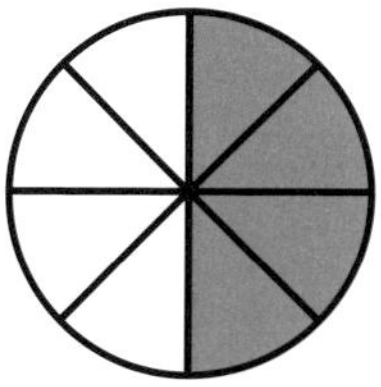	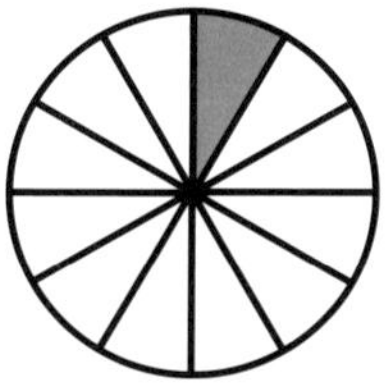	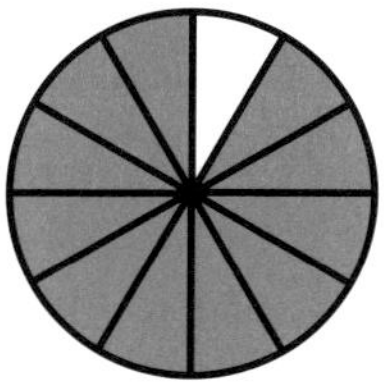
	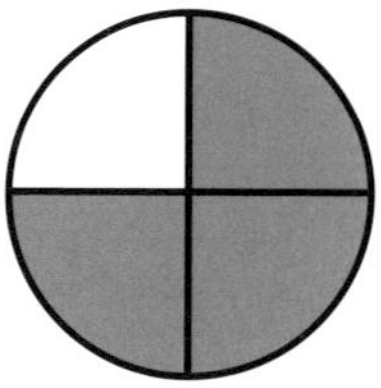	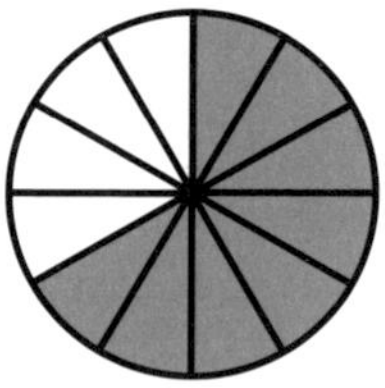	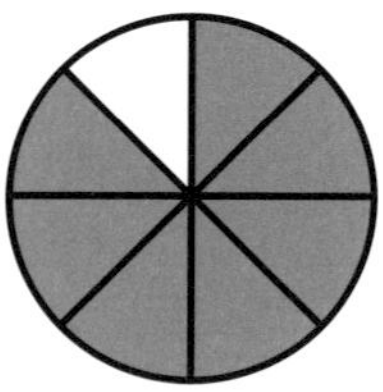

© Verlag an der Ruhr | Autorin: Dr. Pauline Linke | www.verlagruhr.de

PAARE SUCHEN (BLANKO)

© Verlag an der Ruhr | Autorin: Dr. Pauline Linke | www.verlagruhr.de

KV 5

ERKLÄR-KARTEN

Zirkel	**Geodreieck**	**Lineal**
Kreis Metallspitze	Abstand Messen cm	Abstand Messen cm
Würfel	**Bleistift**	**Gerade**
Fläche Zahlen 3 D	Schreiben grau Zeichnen	Anfang Ende
Trapez	**Rechteck**	**Pyramide**
Viereck Zirkus	parallel Quadrat	Körper Ägypten
Drachen	**Quader**	**Flächeninhalt**
Viereck Wind Prinzessin	Körper Packung	innen Quadrat
Quadrat	**rechter Winkel**	**Raute**
vier Ecke	90°	Viereck Drachen

© Verlag an der Ruhr | Autorin: Dr. Pauline Linke | www.verlagruhr.de

KV 5

ERKLÄR-KARTEN (BLANKO)

UPRGADE FÜRS MATHEBUCH

© Verlag an der Ruhr | Autorin: Dr. Pauline Linke | www.verlagruhr.de

SCHLANGEN UND LEITERN

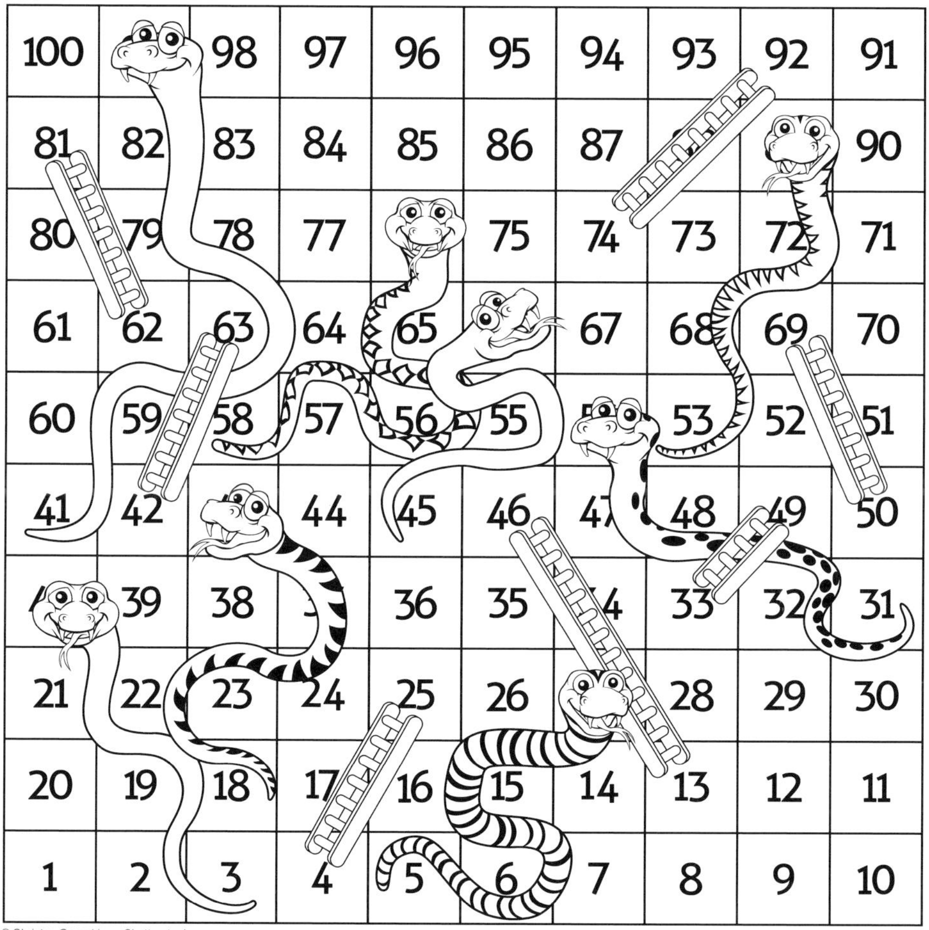

100		98	97	96	95	94	93	92	91
81	82	83	84	85	86	87			90
80	79	78	77		75	74	73	72	71
61	62	63	64	65		67	68	69	70
60	59	58	57	56	55		53	52	51
41	42		44	45	46	47	48	49	50
	39	38		36	35		33	32	31
21	22	23	24	25	26		28	29	30
20	19	18	17	16	15	14	13	12	11
1	2	3	4	5	6	7	8	9	10

© Christos Georghiou – Shutterstock.com

© Verlag an der Ruhr | Autorin: Dr. Pauline Linke | www.verlagruhr.de

SCHLANGEN UND LEITERN

KV 6

1		18		35	
2		19		36	
3		20		37	
4		21		38	
5		22		39	
6		23		40	
7		24		41	
8		25		42	
9		26		43	
10		27		44	
11		28		45	
12		29		46	
13		30		47	
14		31		48	
15		32		49	
16		33		50	
17		34		51	

© Verlag an der Ruhr | Autorin: Pauline Linke | www.verlagruhr.de

SCHLANGEN UND LEITERN

KV 6

52		69		86	
53		70		87	
54		71		88	
55		72		89	
56		73		90	
57		74		91	
58		75		92	
59		76		93	
60		77		94	
61		78		95	
62		79		96	
63		80		97	
64		81		98	
65		82		99	
66		83		100	
67		84			
68		85			

© Verlag an der Ruhr | Autorin: Pauline Linke | www.verlagruhr.de

RECHENSPAZIERGANG – AUFGABEN

1. Löse die Aufgabe.
2. Merke dir deine Lösung und suche die Bildkarte mit dem Ergebnis im Klassenraum. Wenn du dein Ergebnis nicht findest, überprüfe noch einmal deine Rechnung.
3. Schneide das passende Bild vom Bildbogen aus und klebe es über die Aufgabe.

Lösung:	Lösung:
Lösung:	Lösung:
Lösung:	Lösung:
Lösung:	Lösung:
Lösung:	Lösung:

© Verlag an der Ruhr | Autorin: Dr. Pauline Linke | www.verlagruhr.de

KV 7

Rechenspaziergang – Bildbogen

© In Art – Shutterstock.com

© Verlag an der Ruhr | Autorin: Dr. Pauline Linke | www.verlagruhr.de

KV 7

Rechenspaziergang – Lösungen

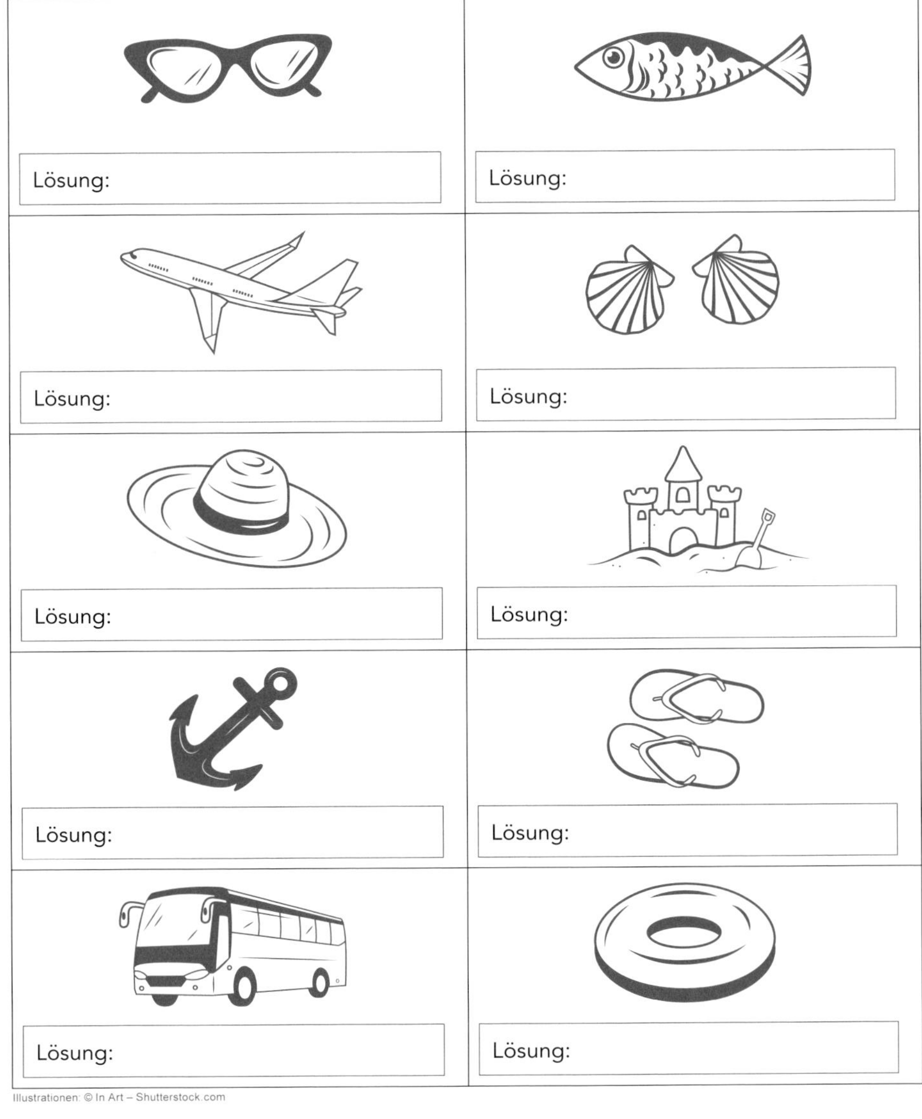

Illustrationen: © In Art – Shutterstock.com

© Verlag an der Ruhr | Autorin: Dr. Pauline Linke | www.verlagruhr.de

TEXTAUFGABEN LÖSEN LEICHT GEMACHT

Lesen	Ich lese mir die Aufgabe genau durch. Wenn ich etwas nicht verstanden habe, lese ich sie noch einmal und schlage fremde Wörter nach.
Unterstreichen	Ich unterstreiche mir die wichtigsten Angaben.
Fragen	Ich kläre, was genau die Frage ist.
Rechnen	Ich berechne das Ergebnis. Alle Zwischenschritte schreibe ich auf.
Antworten	Ich schreibe einen Antwortsatz.

Wenn du nicht weiterweißt, können dir diese Strategien helfen:

- Schaue noch einmal in deinem Matheheft bzw. in deinem Mathebuch nach.
- Mache dir eine Skizze.
- Suche nach einer Regel.
- Finde ein Beispiel.
- Erstelle eine Tabelle.

Du weißt nicht genau, was du rechnen sollst?
Diese Signalwörter können dir helfen:

plus (+)	minus (–)	mal (·)	geteilt (:)
mehr länger insgesamt größer später zusammen gesamt	weniger kleiner ausgeben wegnehmen kürzer ohne herabsetzen	doppelt dreifach je	die Hälfte ein Viertel der 10. Teil verteilen Einzelpreis

© Verlag an der Ruhr | Autorin: Dr. Pauline Linke | www.verlagruhr.de

KV 9

BINGO

© Verlag an der Ruhr | Autorin: Dr. Pauline Linke | www.verlagruhr.de

STADT – LAND – MATHE

KV 10

Zahl	+10	–12	·5	:10	+13	Punkte

UPRGADE FÜR'S MATHEBUCH

© Verlag an der Ruhr | Autorin: Pauline Linke | www.verlagruhr.de

MALEN NACH ZAHLEN (1/2)

© dnapslvsk – Shutterstock.com

© Verlag an der Ruhr | Autorin: Dr. Pauline Linke | www.verlagruhr.de

MALEN NACH ZAHLEN (2/2)

© dnapslvsk – Shutterstock.com

© Verlag an der Ruhr | Autorin: Dr. Pauline Linke | www.verlagruhr.de

SUDOKU – AUFGABEN

KV 12

9	6			2			5	
5		1		8		3	9	
		7		1				2
3			8	9	2	5		1
			1		4			
1		9	7	6	3			4
4				7		6		
	1	5		3		7		9
	8			4			1	5

© Heather Wallace – Shutterstock.com

	8							7
				2		6	5	
6		1		8			3	
		2	6	7		3		
			5		9			
		9		1	2	4		
	1			9		5		3
	9	5		4				
4							7	

			8	3	2		9	
					5	7		6
1			6					
3								
6	7	4				8	5	1
								7
					1			5
9		2	5					
	3		2	7	6			

© Verlag an der Ruhr | Autorin: Pauline Linke | www.verlagruhr.de

SUDOKU – LÖSUNGEN

KV 12

9	6	4	3	2	7	1	5	8
5	2	1	4	8	6	3	9	7
8	3	7	9	1	5	4	6	2
3	4	6	8	9	2	5	7	1
2	7	8	1	5	4	9	3	6
1	5	9	7	6	3	8	2	4
4	9	2	5	7	1	6	8	3
6	1	5	2	3	8	7	4	9
7	8	3	6	4	9	2	1	5

© Heather Wallace – Shutterstock.com

5	8	4	9	6	3	1	2	7
9	3	7	4	2	1	6	5	8
6	2	1	7	8	5	9	3	4
8	5	2	6	7	4	3	9	1
1	4	6	5	3	9	7	8	2
3	7	9	8	1	2	4	6	5
7	1	8	2	9	6	5	4	3
2	9	5	3	4	7	8	1	6
4	6	3	1	5	8	2	7	9

7	5	6	8	3	2	1	9	4
2	9	3	4	1	5	7	8	6
1	4	8	6	9	7	5	2	3
3	8	1	7	5	4	9	6	2
6	7	4	3	2	9	8	5	1
5	2	9	1	6	8	3	4	7
4	6	7	9	8	1	2	3	5
9	1	2	5	4	3	6	7	8
8	3	5	2	7	6	4	1	9

© Verlag an der Ruhr | Autorin: Pauline Linke | www.verlagruhr.de

CHECKLISTE

KV 13

	Thema	Beispielaufgabe	Hier finde ich Übungsaufgaben.	Das fällt mir noch schwer.	Hierbei brauche ich noch Hilfe.	Das kann ich schon supergut.
1	Ich kann Brüche erkennen und benennen.	$\frac{1}{2}$				
2	Ich kann Brüche zeichnen.					
3	Ich kann Brüche durch Erweitern und Kürzen auf unterschiedliche Weise darstellen.	$\frac{1}{2}$ $\frac{2}{4}$ $\frac{8}{16}$				

Pflanze: © SpicyTruffel – stock.adobe.com

© Verlag an der Ruhr | Autorin: Pauline Linke | www.verlagruhr.de

KV 14

DOMINO

START	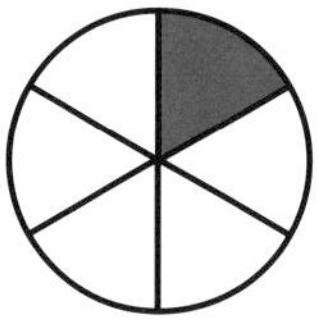	$\frac{1}{6}$	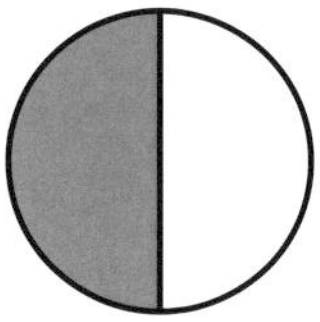
$\frac{1}{2}$	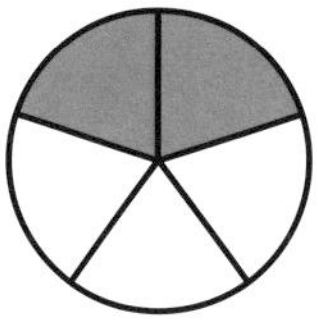	$\frac{2}{5}$	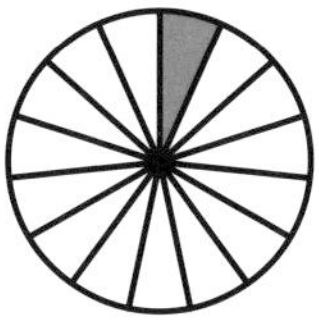
$\frac{1}{15}$	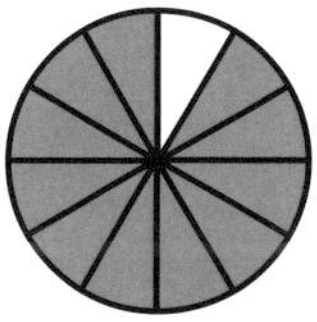	$\frac{11}{12}$	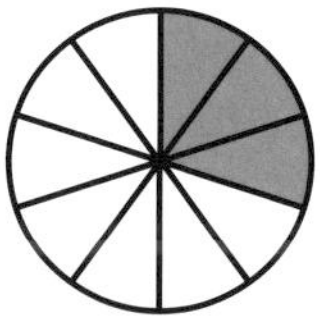
$\frac{3}{10}$	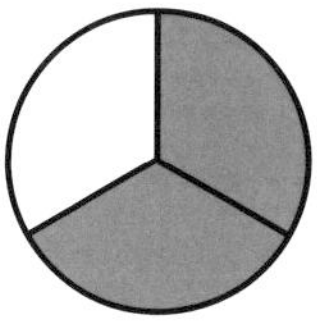	$\frac{2}{3}$	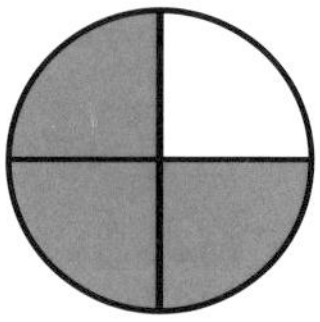
$\frac{3}{4}$	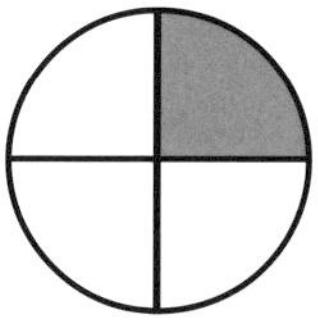	$\frac{1}{4}$	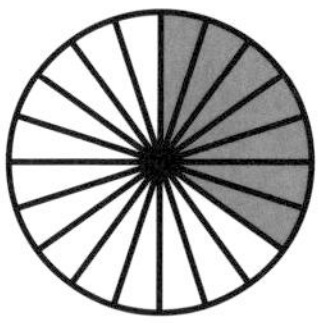
$\frac{7}{20}$	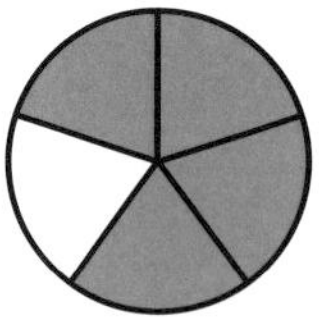	$\frac{4}{5}$	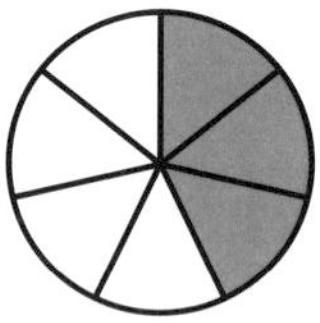
$\frac{3}{7}$	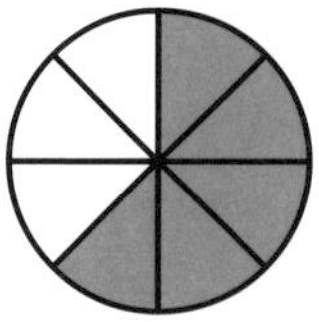	$\frac{5}{8}$	ENDE

UPRGADE FÜRS MATHEBUCH

© Verlag an der Ruhr | Autorin: Dr. Pauline Linke | www.verlagruhr.de

DOMINO (BLANKO)

© Verlag an der Ruhr | Autorin: Dr. Pauline Linke | www.verlagruhr.de

LITERATURVERZEICHNIS

Bildungsstandards im Fach Mathematik für die Allgemeine Hochschulreife

Bildungsstandards für das Fach Mathematik Erster Schulabschluss (ESA) und Mittlerer Schulabschluss (MSA)

Blum, Werner; Drüke-Noe, Christina; Hartung, Ralf; Köller, Olaf (2012):
Bildungsstandards Mathematik: konkret.
Humboldt-Universität zu Berlin, Institut zur Qualitätsentwicklung im Bildungswesen

Gallin, Peter; Ruf, Urs (1998):
Dialogisches Lernen im Mathematikunterricht.
Seelze: Kallmeyer

Lengnink, Katja; Prediger, Susanne; Weber, Christof (2011):
Lernende abholen, wo sie stehen – Individuelle Vorstellungen aktivieren und nutzen.
In: Praxis der Mathematik in der Schule 53(40), S. 2–7

Linke, Pauline (2020):
Entdeckendes Lernen neu denken.
Münster: WTM-Verlag

Prediger, Susanne; Hußmann, Stephan; Leuders, Timo; Barzel, Bärbel (2014):
Kernprozesse – Ein Modell zur Strukturierung von Unterrichtsdesign und Unterrichtshandeln.
In: Bausch, Isabell; Pinkernell, Guido; Schmitt, Oliver (Hrsg.): Unterrichtsentwicklung und Kompetenzorientierung. Festschrift für Regina Bruder. Münster. WTM Verlag, S. 81–92

Rott, Benjamin (2018):
Kleine Änderung mit großer Wirkung. Produktives Üben durch Variation von Aufgaben.
In: mathematik lehren 209, S. 18–21

Stern, Elsbeth; Schumacher, Ralph (2004):
Intelligentes Wissen als Lernziel.
In: Universitas, 59(2), S. 121–134

Sundermann, Beate (1999):
Rechentagebücher und Rechenkonferenzen.
In: Grundschule, 1, S. 48–50

Wittmann, Erich Christian (1995):
Aktiv- entdeckendes und soziales Lernen im Rechenunterricht – vom Kind und von Fach aus.
In: Müller, Gerhard; Wittmann, Erich Christian (Hrsg.): Mit Kindern rechnen. Frankfurt am Main: Arbeitskreis Grundschule, S. 10–41

Wittmann, Erich Christian (1992):
Üben im Lernprozeß.
In: Wittmann, Erich Christian; Müller, Gerhard: Handbuch produktiver Rechenübungen, Bd. 2

RAUM FÜR NOTIZEN